Elektrotechnik für Studierende

Grundlagen

Dipl.-Ing. Univ. Leonhard Stiny

Elektrotechnik für Studierende

Grundlagen

65 Abbildungen und 111 Beispiele mit ausführlichen Musterlösungen

1. Auflage 2012

Dr.-Ing. Paul Christiani GmbH & Co. KG

Titelbild: © Robert Kneschke/fotolia.com

Bestell-Nr. 89797

ISBN: 978-3-86522-685-3

---

1. Auflage 2012

Inhalt

Vorwort

Dieses Lehr- und Lernbuch ist für alle Studierenden gedacht, die sich im Verlauf ihres Studiums mit der Elektrotechnik auseinander setzen müssen. Sowohl Studierende der Elektrotechnik als auch anderer technischer oder naturwissenschaftlicher Studiengänge wie z. B. Informatik, Maschinenbau, Mechatronik, Automatisierungstechnik, Medizintechnik, Informations- und Kommunikationstechnik, Physik oder verwandter Richtungen sind angesprochen. An Fachhochschulen und Universitäten kann dieses Werk eingesetzt werden, um die begrifflichen, mathematischen und physikalischen Grundlagen der Elektrotechnik zu vermitteln. Es ist als Leitfaden von Lehrveranstaltungen oder als begleitende Lektüre zu Vorlesungen ebenso geeignet wie zum Selbststudium. Auch Ingenieuren in der Berufspraxis kann es zur Wiederholung oder Vertiefung des Wissens dienen.

Vorausgesetzt werden Kenntnisse in Physik und Mathematik, welche in etwa dem Abitur an einem mathematisch-naturwissenschaftlichen Gymnasium oder dem Abschluss in einem technischen Zweig einer Fachoberschule oder Berufsoberschule entsprechen. In der Mathematik werden z. B. trigonometrische Funktionen, die Vektorrechnung, die Differenziation einer Funktion nach einer Variablen, die Integralrechnung, Koordinatensysteme und die grafische Darstellung von Funktionen als bekannt angenommen. Grundlegende Begriffe der Elektrophysik wie Ladung, Spannung, Strom oder auch Plattenkondensator werden ebenfalls als geläufig vorausgesetzt.

Es wird eine Einführung in Fachbegriffe, Definitionen und Vorgehensweisen gegeben, welche als Basis dienen für weiterführende Themen der Elektrotechnik, die hier nicht behandelt werden. Dies sind z. B. lineare und nichtlineare Gleichstromkreise, Theorie elektrischer und magnetischer Felder, komplexe Rechnung und Wechselstromkreise, Einschwingvorgänge. Im Vordergrund stehen hier also keine Stromkreisberechnungen, sondern die physikalischen Ursachen des elektrischen Stromes und die Grundlagen und Methoden zugehöriger Berechnungsverfahren.

Im ersten Abschnitt werden teilweise bekannte Grundlagen wiederholt, wie Arten von Gleichungen, SI-System, Koordinatensysteme, Skalare und Vektoren. Die Erläuterungen partieller Ableitungen und der verschiedenen Darstellungsformen von Kurven mit der Berechnung ihrer Bogenlänge ergeben eine Basis für die notwendigen Mathematikkenntnisse im nächsten Kapitel.

Der zweite Abschnitt behandelt physikalische Felder. Arten und Darstellungsweisen von Feldern werden allgemein erläutert, mathematische Berechnungsverfahren mit Mitteln der Vektoranalysis führen in dieses meist als sehr schwierig geltende Gebiet ein. Beispiele von Feldern in der Elektrotechnik schaffen einen Bezug zu konkreten Feldarten und deren Klassifizierung. Die mathematischen Kenntnisse zur Berechnung von Kurven-, Flächen- und Volumenintegralen werden erweitert, bis hin zu den Integralsätzen von Gauß, Stokes und Green.

Der dritte Abschnitt zeigt die Vorteile der Anwendung einer Normierung und des Verstärkungsmaßes in Dezibel auf. Die Vereinbarung allgemein üblicher Schreib- und Bezeichnungsweisen können die Grundlage einer einheitlichen Notation bilden.

Im vierten Abschnitt werden allgemeine Ursachen des elektrischen Stroms betrachtet. Begriffe wie Ladungsträger, Ladungstrennung, Influenz, elektrischer Fluss, die unterschiedlichen Arten der Ladungsverteilung und die Leitfähigkeit von Stoffen bereiten das fünfte Kapitel vor.

Im fünften Abschnitt werden die verschiedenen Stromarten mit ihren Eigenschaften erläutert sowie die Begriffe Stromstärke und Stromdichte eingeführt. Die Besprechung der Kontinuitätsgleichung, der Poisson-Gleichung und des Satzes von Gauß baut auf das in Abschnitt zwei vorbereitete Wissen auf. Mit den Begriffen Flussdichte, Potenzial und Spannung werden die Grundlagen elektrischer Stromkreise abgeschlossen.

Viele Abbildungen erleichtern das Verständnis des Stoffes. Zusammenfassungen am Ende der Kapitel heben das Wesentliche hervor. Vor allem aber ermöglichen zahlreiche Beispiele, die meisten in Form von Übungsaufgaben mit ausführlichen Lösungen, die manchmal schwierigen Sachverhalte trotzdem leicht verständlich aufzunehmen und das Wissen durch eigene Berechnungen zu vertiefen und zu festigen. Das Mathematikprogramm Maple dient dabei hin und wieder als Werkzeug und mag Interessierte mit Zugriffsmöglichkeiten auf dieses Programm zu weiteren experimentellen Berechnungen anregen.

Haag a. d. Amper, im Dezember 2011

Leonhard Stiny

1 Allgemeine Grundlagen

1.1 Physikalische Größen und Einheiten

Physikalische Größen werden benötigt, um Gesetzmäßigkeiten in der Physik zu formulieren. Eine physikalische Größe besteht aus dem Produkt eines Zahlenwertes und einer Einheit.

$$\boxed{\text{Physikalische Größe} = \text{Zahlenwert} \cdot \text{Einheit}} \tag{1.1}$$

Für physikalische Größen und für deren Einheiten werden Abkürzungen (Symbole) verwendet.

- Abkürzungen für physikalische Größen sind **Formelzeichen**.

Beispiel 1
U = Spannung, R = Widerstand, P = Leistung, t = Zeit,
v = Geschwindigkeit

- Abkürzungen für Einheiten sind **Einheitenzeichen**.

Beispiel 2
V = Volt, Ω = Ohm, W = Watt, s = Sekunde(n), m/s = Meter pro Sekunde

Achtung: Formelzeichen und Einheitenzeichen können gleich sein, obwohl sie unterschiedliche Bedeutung haben. Es kann z. B. »s« für das Formelzeichen einer Wegstrecke verwendet werden, der selbe Buchstabe kann aber auch das Einheitenzeichen „Sekunde“ bedeuten. Mit »C« kann sowohl das Formelzeichen für die Kapazität eines Kondensators als auch das Einheitenzeichen der Ladung in Coulomb gemeint sein. Ein Unterschied besteht nur in der Schreibweise kursiv oder steil.

Für den Formel- und Schriftsatz gelten folgende Richtlinien:

- *Variablen* physikalischer Größen werden *schräg (kursiv)* geschrieben.
- Zahlen, Konstanten, definierte mathematische Funktionen und Einheitenzeichen werden nicht kursiv, sondern steil (aufrecht) geschrieben.

Beispiel 3
Im ohmschen Gesetz werden die Variablen kursiv geschrieben: $R = U/I$. Eine mathematische Funktion ist die Sinusfunktion $y = \sin(x)$. Die Angabe des Wertes einer Stromstärke erfolgt steil geschrieben, z. B. $5{,}0\ \mathrm{A}$.

- Zwischen Zahlenwert und Einheitenzeichen steht ein Abstand (ein Leerzeichen).

Beispiel 4
Die Temperaturangabe $\vartheta = -5\ °C$ ist richtig geschrieben, falsch ist $\vartheta = -5°C$. Ausnahmen sind bei der Winkelangabe die Zeichen ° (Grad), ' (Minute) und " (Sekunde). Richtig geschrieben ist: $\alpha = 2°\ 32'\ 15''$.

Eine eckige Klammer [...] um ein Formelzeichen bedeutet „Einheit von ...".

Beispiel 5
$[U] = \mathrm{V}$ wird gelesen: Die Einheit der Spannung ist Volt.

Eine (manchmal verwendete) eckige Klammer um ein Einheitenzeichen (z. B. $I\,[\mathrm{A}]$ oder $U\,[\mathrm{V}]$) ist falsch.

Eine geschweifte Klammer $\{...\}$ um ein Formelzeichen bedeutet „Zahlenwert von ...".

Beispiel 6
$\{U\} = 220$ wird gelesen: Der Zahlenwert der Spannung ist 220.

Somit können Zahlenwert und Einheit einer physikalischen Größe alleine und unabhängig voneinander angegeben werden.

Häufig wird statt „Einheit" fälschlich der Begriff „Dimension" verwendet. Die Dimension einer physikalischen Größe gibt ihren Zusammenhang mit den Basisgrößen eines Größensystems an (siehe SI-System). Die Dimension ist das Potenzprodukt der Dimensionssymbole der Basisgrößen. Dimensionssymbole sind z. B. » L « für die Länge, » T « für die Zeit und » I « für die elektrische Stromstärke.

Beispiel 7
Die Dimension der Frequenz f ist T^{-1}: $\dim f = \mathrm{T}^{-1}$. Die Dimension der Geschwindigkeit = Weg : Zeit ist: $\dim v = \mathrm{LT}^{-1}$.

Dementsprechend muss es auch „einheitenlos" und nicht „dimensionslos" heißen, wenn ein Zahlenwert ohne physikalische Einheit vorliegt (wie z. B. der Wirkungsgrad, ein Übersetzungsverhältnis oder die relative Permeabilität).

1.2 Gleichungen

Gleichungen (Formeln) stellen Zusammenhänge zwischen einzelnen physikalischen Größen her. Es gibt Größengleichungen und Zahlenwertgleichungen. Üblicherweise werden ausschließlich Größengleichungen verwendet.

1.2.1 Größengleichungen

Größengleichungen beschreiben die physikalischen Zusammenhänge, sie gelten unabhängig von den benutzten Einheiten. Jedes einzelne Formelzeichen stellt eine physikalische Größe dar. Die Einheit des Ergebnisses folgt zwangsläufig aus den eingesetzten Einheiten.

Beispiel 8

$$v=\frac{s}{t}=\frac{1800\ \text{m}}{180\ \text{s}}=\underline{\underline{10\ \frac{\text{m}}{\text{s}}}};\quad v=\frac{s}{t}=\frac{1{,}8\ \text{km}}{0{,}05\ \text{h}}=\underline{\underline{36\ \frac{\text{km}}{\text{h}}}}$$

Bei der so genannten **zugeschnittenen Größengleichung** wird bei jeder Größe gleich festgelegt, in welcher Einheit sie anzugeben ist. Die einzusetzenden Größen werden dabei durch die zugehörigen oder verlangten Einheiten dividiert. An die Stelle eines Formelzeichens tritt dann das Formelzeichen dividiert durch das Einheitenzeichen. Auf diese Art werden häufig die Achsen grafischer Darstellungen beschriftet. Die Einheiten sollten dabei so gewählt werden, dass sich eine vernünftig skalierte grafische Darstellung ergibt.

Beispiel 9

Das ohmsche Gesetz $I=\frac{1}{R}\cdot U$ soll für einen festen Wert des Widerstandes R grafisch dargestellt werden. Auf der Abszisse wird die Spannung U aufgetragen, die Achse wird beschriftet mit U/V (sprich: U in Volt). Auf der Ordinate wird der Strom I aufgetragen, diese Achse wird beschriftet mit I/mA (sprich: I in Milliampere). Als Grafik sollte man eine Gerade erhalten, die eine gut darstellbare Steigung besitzt. Ist die Gerade viel zu flach, so wäre vielleicht $I/\mu\text{A}$ die bessere Wahl. Wird die Gerade viel zu steil, so könnte man I/A für die Ordinate wählen.

1.2.2 Zahlenwertgleichungen

In eine Zahlenwertgleichung müssen die einzelnen Größen in bestimmten Einheiten eingesetzt werden, damit das Ergebnis eine vorgegebene Einheit hat.

Beispiel 10

Werden in die Gleichung $v=3{,}6\cdot\frac{s}{t}$ der Weg s in Meter und die Zeit t in Sekunden eingesetzt, so ist die Einheit der berechneten Geschwindigkeit v: $[v]=\frac{\text{km}}{\text{h}}$.

1.2.3 Einheitengleichungen

Mit Einheitenzeichen kann man getrennt von einer Formel rechnen. Setzt man die Einheiten der verknüpften Größen in die Größengleichung ein, so erhält man die so genannte Einheitengleichung. Sie beschreibt die Umrechnung der Einheiten. Durch eine Überprüfung der Einheitengleichung (die Einheiten links und rechts vom Gleichheitszeichen müssen gleich oder ineinander umrechenbar sein) kann festgestellt werden, ob eine Größengleichung richtig angesetzt oder z. B. eine Formel falsch umgestellt wurde.

Beispiel 11

$R = \frac{(100\ \text{V})^2}{10\ \text{mW}};\ [R] = \Omega = \frac{\text{V}^2}{\text{V} \cdot \text{A}} = \frac{\text{V}}{\text{A}}$ $\Rightarrow$ die Einheit ist korrekt.

$R = 3 + 5\ \text{k}\Omega$ $\Rightarrow$ Addition von Äpfeln und Birnen. Die Gleichung ist falsch, hier soll der einheitenlose Wert »3« zu einem Wert mit der Einheit Ohm addiert werden.

1.3 SI-System

Um eine physikalische Größe quantitativ erfassen zu können, muss man sie messen. Beim Messen wird der Wert einer physikalischen Größe als Vielfaches einer genormten Einheit oder eines Bezugswertes ermittelt, der Wert wird mit einem Vergleichsmaß verglichen.

Die Einheiten der physikalischen Größen sind seit 1960 im „Système International d'Unités", kurz SI-System (weltweit angewandtes „Internationales Einheitensystem"), festgelegt und in der Bundesrepublik Deutschland seit 1985 gesetzlich vorgeschrieben. Das SI-System besteht aus Basisgrößen und abgeleiteten Größen. Die sieben Basisgrößen sind in der folgenden Tabelle angegeben.

Tabelle 1: Basisgrößen und Basiseinheiten des SI-Systems

Gebiet	Basisgröße	Formelzeichen	Basiseinheit	Einheitenzeichen
Mechanik	Zeit	t	Sekunde	s
	Länge, Weg	l, s	Meter	m
	Masse	m	Kilogramm	kg
Elektrotechnik	Stromstärke	I	Ampere	A
Thermodynamik	Temperatur	T	Kelvin	K
Optik	Lichtstärke	I_L, I_V, I	Candela	cd
Chemie	Stoffmenge	n	Mol	mol

Definition der Basiseinheiten

- 1 Sekunde ist das 9 192 631 770-fache der Periodendauer der dem Übergang zwischen den beiden Hyperfeinstrukturniveaus des Grundzustandes von Atomen des Nuklids ^{133}Cs entsprechenden Strahlung.
- 1 Meter ist die Länge der Strecke, die das Licht im Vakuum in 1/299 792 458 Sekunden durchläuft.
- 1 Kilogramm ist die Masse des internationalen Kilogrammprototyps („Ur-Kilogramm", ein in Paris aufbewahrter Platin-Iridium-Zylinder).
- 1 Ampere ist die Stärke eines zeitlich konstanten Stromes, der durch zwei im Vakuum mit einem gegenseitigen Abstand von ein Meter angeordnete, parallele, geradlinige, unendlich lange Leiter von vernachlässigbar kleinem kreisförmigen Querschnitt fließt, wenn durch den Strom zwischen diesen Leitern pro ein Meter Leiterlänge die Kraft $2 \cdot 10^{-7}$ Newton hervorgerufen wird.
- 1 Kelvin ist der 273,16-te Teil der Differenz zwischen der Temperatur am absoluten Nullpunkt und der Temperatur am Tripelpunkt des Wassers (thermodynamische Temperatur).
- 1 Candela ist die Lichtstärke in einer bestimmten Richtung einer Strahlungsquelle, die monochromatische Strahlung der Frequenz 540 THz aussendet und deren Strahlstärke in dieser Richtung 1/683 W/sr (Watt pro Steradiant) beträgt.
- 1 Mol ist die Stoffmenge eines Systems bestimmter Zusammensetzung, das aus ebenso vielen Teilchen besteht, wie Atome in 0,012 kg des Kohlenstoffnuklids ^{12}C enthalten sind. Die Einzelteilchen müssen spezifiziert sein und können Atome, Moleküle, Ionen, Elektronen sowie andere Teilchen oder Gruppen solcher Teilchen genau angegebener Zusammensetzung sein.

Für die Elektrotechnik sind nur die ersten vier Basiseinheiten (s, m, kg, A) relevant.

Das SI-System ist *kohärent*. Kohärent (zusammenhängend) heißt ein Einheitensystem, wenn die Einheiten dieses Systems ausschließlich durch Einheitengleichungen verbunden sind, in denen nur die Eins als Zahlenfaktor auftritt.

Beispiel 12

$$1\,\mathrm{N} = 1\,\frac{\mathrm{kg \cdot m}}{\mathrm{s}^2}$$

Alle anderen physikalischen Größen lassen sich aus den sieben Grundeinheiten ableiten. Es handelt sich dann um Produkte, Quotienten oder Potenzprodukte der SI-Basiseinheiten. Einige abgeleitete Einheiten haben eigene Namen (häufig nach berühmten Physikern benannt). In obigem Beispiel ist die Einheit der Kraft F die abgeleitete Einheit $\frac{\mathrm{kg}\cdot\mathrm{m}}{\mathrm{s}^2}$, sie wurde mit der Abkürzung N (Newton) versehen.

Beispiel 13
Die Geschwindigkeit v ist Weg s pro Zeit t, die Einheit der Geschwindigkeit ist somit $[v]=\frac{[s]}{[t]}=\frac{\mathrm{m}}{\mathrm{s}}$.

Beispiel 14
Die Energie wird in Joule (J) angegeben, es ist eine abgeleitete Einheit mit einem abkürzenden Einheitennamen. Die kinetische Energie ist definiert als: $W_K=\frac{1}{2}\cdot m\cdot v^2$. Mit $[m]=\mathrm{kg}$ und $[v]=\frac{\mathrm{m}}{\mathrm{s}}$ erhalten wir $[W_K]=\frac{\mathrm{kg}\cdot\mathrm{m}^2}{\mathrm{s}^2}=\mathrm{J}$ als abgeleitete Einheit der Energie (oder Arbeit). Auch aus der Formel $W=F\cdot s$ (Arbeit ist Kraft mal Weg) erhält man $[W]=\frac{\mathrm{kg}\cdot\mathrm{m}}{\mathrm{s}^2}\cdot\mathrm{m}=\frac{\mathrm{kg}\cdot\mathrm{m}^2}{\mathrm{s}^2}$.

Beispiel 15
Die Leistung P ist definiert als Arbeit W pro Zeit t: $P=\frac{W}{t}$. Somit ist:

$$[P]=\frac{\mathrm{J}}{\mathrm{s}}=\frac{\frac{\mathrm{kg}\cdot\mathrm{m}^2}{\mathrm{s}^2}}{\mathrm{s}}=\frac{\mathrm{kg}\cdot\mathrm{m}^2}{\mathrm{s}^3}=\mathrm{W}\ (\mathrm{Watt}).$$

Beispiel 16
Die Einheit V (Volt) ist eine Abkürzung für $\frac{\mathrm{kg}\cdot\mathrm{m}^2}{\mathrm{A}\cdot\mathrm{s}^3}$. Die elektrische Leistung ist $P=U\cdot I$. Somit: $[U]=\frac{[P]}{[I]}=\frac{\mathrm{W}}{\mathrm{A}}=\frac{\frac{\mathrm{kg}\cdot\mathrm{m}^2}{\mathrm{s}^3}}{\mathrm{A}}=\frac{\mathrm{kg}\cdot\mathrm{m}^2}{\mathrm{A}\cdot\mathrm{s}^3}=\mathrm{V}\ (\mathrm{Volt})$.

In der folgenden Tabelle sind einige physikalische Größen mit ihren Formelzeichen, Einheitenzeichen, evtl. speziellen Einheitennamen, den SI-Einheiten und möglichen Umrechnungen angegeben.

Tabelle 2: Einige physikalische Größen mit ihren Einheiten

Physikalische Größe	Formelzeichen	Einheitenname	Einheitenzeichen	SI-Einheit	Beziehung
Beschleunigung	a			$\frac{\mathrm{m}}{\mathrm{s}^2}$	
Blindleistung	Q	voltampère reactive	var, VAR	$\frac{\mathrm{kg}\cdot\mathrm{m}^2}{\mathrm{s}^3}$	VA
Blindleitwert (Suszeptanz)	B	Siemens	S	$\frac{\mathrm{A}^2\cdot\mathrm{s}^3}{\mathrm{m}^2\cdot\mathrm{kg}}$	$\frac{\mathrm{A}}{\mathrm{V}}=\frac{1}{\Omega}$
Blindwiderstand (Reaktanz)	X	Ohm	Ω	$\frac{\mathrm{kg}\cdot\mathrm{m}^2}{\mathrm{s}^3\cdot\mathrm{A}^2}$	$\frac{\mathrm{V}}{\mathrm{A}}$
Boltzmann-Konstante	k			$\frac{\mathrm{kg}\cdot\mathrm{m}^2}{\mathrm{s}^2\cdot\mathrm{K}}$	$\frac{\mathrm{W}\cdot\mathrm{s}}{\mathrm{K}}=\frac{\mathrm{V}\cdot\mathrm{A}\cdot\mathrm{s}}{\mathrm{K}}$
Dielektrizitätskonstante des Vakuums (absolute), elektrische Feldkonstante	ε_0			$\frac{\mathrm{A}^2\cdot\mathrm{s}^4}{\mathrm{kg}\cdot\mathrm{m}^3}$	$\frac{\mathrm{A}\cdot\mathrm{s}}{\mathrm{V}\cdot\mathrm{m}}$
Elementarladung	e	Coulomb	C	$\mathrm{A}\cdot\mathrm{s}$	
Energie, Arbeit	W	Joule	J	$\frac{\mathrm{kg}\cdot\mathrm{m}^2}{\mathrm{s}^2}$	$\mathrm{W}\cdot\mathrm{s}=\mathrm{N}\cdot\mathrm{m}$ $=\mathrm{V}\cdot\mathrm{A}\cdot\mathrm{s}$
Feldstärke, elektr.	E			$\frac{\mathrm{kg}\cdot\mathrm{m}}{\mathrm{s}^3\cdot\mathrm{A}}$	$\frac{\mathrm{V}}{\mathrm{m}}$
Feldstärke, magn.	H			$\frac{\mathrm{A}}{\mathrm{m}}$	
Fluss, magn.	Φ	Weber	Wb	$\frac{\mathrm{kg}\cdot\mathrm{m}^2}{\mathrm{s}^2\cdot\mathrm{A}}$	$\mathrm{T}\cdot\mathrm{m}^2=\mathrm{V}\cdot\mathrm{s}$
Flussdichte, elektrische (Verschiebungsdichte)	D			$\frac{\mathrm{A}\cdot\mathrm{s}}{\mathrm{m}^2}$	$\frac{\mathrm{C}}{\mathrm{m}^2}=\frac{\mathrm{A}\cdot\mathrm{s}}{\mathrm{m}^2}$

Physikalische Größe	Formelzeichen	Einheitenname	Einheitenzeichen	SI-Einheit	Beziehung
Flussdichte, magn. (Induktion)	B	Tesla	T	$\frac{\mathrm{kg}}{\mathrm{s}^2 \cdot \mathrm{A}}$	$\frac{\mathrm{Wb}}{\mathrm{m}^2} = \frac{\mathrm{V} \cdot \mathrm{s}}{\mathrm{m}^2}$
Frequenz	f, ν	Hertz	Hz	$\frac{1}{\mathrm{s}}$	
Geschwindigkeit	v			$\frac{\mathrm{m}}{\mathrm{s}}$	
Induktivität	L	Henry	H	$\frac{\mathrm{kg} \cdot \mathrm{m}^2}{\mathrm{s}^2 \cdot \mathrm{A}^2}$	$\frac{\mathrm{Wb}}{\mathrm{A}} = \frac{\mathrm{V} \cdot \mathrm{s}}{\mathrm{A}} = \Omega \cdot \mathrm{s}$
Kapazität	C	Farad	F	$\frac{\mathrm{A}^2 \cdot \mathrm{s}^4}{\mathrm{m}^2 \cdot \mathrm{kg}}$	$\frac{\mathrm{C}}{\mathrm{V}} = \frac{\mathrm{A} \cdot \mathrm{s}}{\mathrm{V}} = \frac{\mathrm{s}}{\Omega}$
Kraft	F	Newton	N	$\frac{\mathrm{kg} \cdot \mathrm{m}}{\mathrm{s}^2}$	$\frac{\mathrm{V} \cdot \mathrm{A} \cdot \mathrm{s}}{\mathrm{m}}$
Kreisfrequenz, Winkelgeschwindigkeit	ω			$\frac{1}{\mathrm{s}}$	
Ladung	Q	Coulomb	C	$\mathrm{A} \cdot \mathrm{s}$	
Länge, Weg	l, s	Meter	m	Basiseinheit	
Leistung	P	Watt	W	$\frac{\mathrm{kg} \cdot \mathrm{m}^2}{\mathrm{s}^3}$	$\frac{\mathrm{J}}{\mathrm{s}} = \frac{\mathrm{N} \cdot \mathrm{m}}{\mathrm{s}} = \mathrm{V} \cdot \mathrm{A}$
Lichtstärke	I_L, I_V, I	Candela	cd	Basiseinheit	
Masse	m	Kilogramm	kg	Basiseinheit	
Periodendauer	T			s	
Permeabilität des Vakuums, magnetische Feldkonstante	μ_0			$\frac{\mathrm{kg} \cdot \mathrm{m}}{\mathrm{s}^2 \cdot \mathrm{A}^2}$	$\frac{\mathrm{T} \cdot \mathrm{m}}{\mathrm{A}} = \frac{\mathrm{V} \cdot \mathrm{s}}{\mathrm{A} \cdot \mathrm{m}} = \frac{\Omega \cdot \mathrm{s}}{\mathrm{m}}$

Physikalische Größe	**Formelzeichen**	**Einheitenname**	**Einheitenzeichen**	**SI-Einheit**	**Beziehung**
Querschnitt	A			$\mathrm{m^2}$	
Scheinleistung	S		VA	$\frac{\mathrm{kg \cdot m^2}}{\mathrm{s^3}}$	$\mathrm{V \cdot A}$
Scheinleitwert (Admittanz)	Y	Siemens	S	$\frac{\mathrm{A^2 \cdot s^3}}{\mathrm{m^2 \cdot kg}}$	$\frac{\mathrm{A}}{\mathrm{V}} = \frac{1}{\Omega}$
Scheinwiderstand (Impedanz)	Z	Ohm	Ω	$\frac{\mathrm{kg \cdot m^2}}{\mathrm{s^3 \cdot A^2}}$	$\frac{\mathrm{V}}{\mathrm{A}}$
Spannung, Potenzial	U	Volt	V	$\frac{\mathrm{kg \cdot m^2}}{\mathrm{s^3 \cdot A}}$	
Stromdichte	S, J			$\frac{\mathrm{A}}{\mathrm{m^2}}$	
Stromstärke	I	Ampere	A	Basiseinheit	
Temperatur	T	Kelvin	K	Basiseinheit	
Temperatur	ϑ		°C		$°\mathrm{C} = T - 273{,}15\ \mathrm{K}$
Temperaturbeiwert	α				$\frac{1}{\mathrm{K}} = \frac{1}{°\mathrm{C}}$
Wärmewiderstand	R_{th}			$\frac{\mathrm{K \cdot s^3}}{\mathrm{kg \cdot m^2}}$	$\frac{\mathrm{K}}{\mathrm{W}}$
Widerstand, magn.	R_m			$\frac{\mathrm{A^2 \cdot s^2}}{\mathrm{kg \cdot m^2}}$	$\frac{\mathrm{A}}{\mathrm{V \cdot s}} = \frac{1}{\Omega \cdot \mathrm{s}} = \frac{\mathrm{A}}{\mathrm{Wb}}$
Widerstand, spezifischer	ρ			$\frac{\mathrm{kg \cdot m^3}}{\mathrm{s^3 \cdot A^2}}$	$\frac{\Omega \cdot \mathrm{mm^2}}{\mathrm{m}}$
Wirkleitwert (Konduktanz)	G	Siemens	S	$\frac{\mathrm{A^2 \cdot s^3}}{\mathrm{m^2 \cdot kg}}$	$\frac{\mathrm{A}}{\mathrm{V}} = \frac{1}{\Omega}$

Physikalische Größe	**Formelzeichen**	**Einheitenname**	**Einheitenzeichen**	**SI-Einheit**	**Beziehung**
Wirkwiderstand (Resistanz)	R	Ohm	Ω	$\frac{kg \cdot m^2}{s^3 \cdot A^2}$	$\frac{V}{A}$
Zeit	t	Sekunde	s	Basiseinheit	

1.4 Zahlenangaben

Für die Darstellung sehr großer oder sehr kleiner Zahlenwerte gibt es zwei Möglichkeiten:

- Angabe des Zahlenwertes mit Zehnerexponent, z. B. $3 \cdot 10^{-3}$ A
- Verwendung von Vorsilben (Symbolen) für Zehnerpotenzen, z. B. 3 mA, 10 MHz

In Rechnungen empfiehlt sich von Anfang an die Schreibweise mit Exponenten, da man sowieso alle Vorsilben in die entsprechenden Zehnerpotenzen umrechnen muss.

Tabelle 3: Dezimale Vielfache und Teile von Einheiten

Bezeichnung	**Symbol**	**Vielfaches oder Teil**
Exa	E	10^{18}
Peta	P	10^{15}
Tera	T	$10^{12} = 1\,000\,000\,000\,000$
Giga	**G**	$\mathbf{10^{9}} = 1\,000\,000\,000$
Mega	**M**	$\mathbf{10^{6}} = 1\,000\,000$
Kilo	**k**	$\mathbf{10^{3}} = 1\,000$
Hekto	h	$10^{2} = 100$
Deka	da	$10^{1} = 10$
Dezi	d	$10^{-1} = 0{,}1$
Zenti	c	$10^{-2} = 0{,}01$
Milli	**m**	$\mathbf{10^{-3}} = 0{,}001$
Mikro	**µ**	$\mathbf{10^{-6}} = 0{,}000\,001$
Nano	**n**	$\mathbf{10^{-9}} = 0{,}000\,000\,001$
Piko	**p**	$\mathbf{10^{-12}} = 0{,}000\,000\,000\,001$
Femto	f	$10^{-15} = 0{,}000\,000\,000\,000\,001$
Atto	a	10^{-18}

1.5 Griechisches Alphabet

In Formeln werden häufig Buchstaben des griechischen Alphabets benutzt.

Tabelle 4: Das griechische Alphabet

Zeichen Großbuchstabe	Zeichen Kleinbuchstabe	Name	Verwendung in der Elektrotechnik
A	α	Alpha	α Winkel oder Temperaturkoeffizient
B	β	Beta	β Winkel
Γ	γ	Gamma	γ Winkel
Δ	δ	Delta	Δ Differenz, δ Verlustwinkel
E	ε	Epsilon	ε Dielektrizitätskonstante
Z	ζ	Zeta	
H	η	Eta	η Wirkungsgrad
Θ	θ, ϑ	Theta	Θ magnetische Durchflutung ϑ Temperatur
I	ι	Iota	
K	κ	Kappa	κ spezifischer Leitwert (Leitfähigkeit)
Λ	λ	Lambda	λ Wellenlänge oder Linienladungsdichte
M	μ	My	μ Permeabilität (Magnetismus)
N	ν	Ny	
Ξ	ξ	Xi	
O	ο	Omikron	
Π	π	Pi	$\pi = 3{,}14...$ Kreiszahl
P	ρ	Rho	ρ spezifischer Widerstand oder Raumladungsdichte
Σ	σ	Sigma	Σ Summe σ spezifischer Leitwert (Leitfähigkeit) oder Flächenladungsdichte
T	τ	Tau	τ Zeitkonstante
Y	υ	Ypsilon	
Φ	φ	Phi	Φ magnetischer Fluss, φ Phasenverschiebung oder Potenzial
X	χ	Chi	
Ψ	ψ	Psi	Ψ Flussumschlingung
Ω	ω	Omega	Ω Ohm, ω Kreisfrequenz

1.6 Skalare und Vektoren

Skalare Größen (Skalare) haben keine Richtung, sie werden durch einen Zahlenwert (Maßzahl) mit einer evtl. zugehörigen Einheit eindeutig beschrieben. Der Zahlenwert ist im Allgemeinen eine reelle Zahl, er kann aber auch eine komplexe Zahl sein, wie z. B. bei komplexen Wechselstromwiderständen.

Beispiel 17
Für die Länge als skalare Größe ergibt sich folgende Darstellung:

$$\begin{array}{ccccc} l & = & \{l\} & \cdot & [l] \\ \text{skalare Größe} & = & \{\text{Zahlenwert}\} & \cdot & [\text{Einheit}] \end{array} \tag{1.2}$$

Beispiel 18
Skalare Größen sind: Temperatur, Zeit, Länge, Fläche, Masse, Energie, Ladung, Leistung, Widerstand.

Vektorielle Größen sind gerichtete Größen, sie werden *Vektoren* genannt. Zu ihrer vollständigen Beschreibung gehört ein *Betrag* (Zahlenwert für die Vektorlänge) mit der Einheit und zusätzlich die Angabe einer *Richtung* in einer Ebene oder im Raum. Vektoren werden durch einen Pfeil über dem Formelzeichen gekennzeichnet, z. B. $\vec{F}$ bei der Kraft. Der Betrag eines Vektors ist eine skalare Größe, z. B. $|\vec{F}| = F$.

Beispiel 19
Für die Geschwindigkeit als vektorielle Größe ergibt sich folgende Darstellung:

$$\begin{array}{ccccccc} \vec{v} & = & \{v\} & \cdot & [v] & \cdot & \vec{e} \\ \text{vektorielle Größe} & = & \{\text{Zahlenwert}\} & \cdot & [\text{Einheit}] & \cdot & \text{Richtung} \end{array} \tag{1.3}$$

Für den Einheitsvektor $\vec{e}$ gilt dabei $|\vec{e}| = 1$ und $\vec{e} \parallel \vec{v}$ (die Maßzahl bzw. der Zahlenwert des Einheitsvektors ist eins und seine Richtung ist parallel zu der Richtung der Geschwindigkeit). Der Einheitsvektor gibt die Richtung im Raum vor.

Beispiel 20
Vektorielle Größen sind: Kraft, Geschwindigkeit, elektrische und magnetische Feldstärke.

Beispiel 21
$\vec{s} = \vec{v} \cdot t$ ist eine vektorielle Größengleichung.

Die Darstellung von zwei- und dreidimensionalen Vektoren (Einheits-, Zeilen-, Spaltenvektoren) und das Rechnen mit Vektoren (z. B. Vektoraddition, -subtraktion, Betragsbildung) wird hier als bekannt vorausgesetzt. Die beiden speziellen Produkte von Vektoren, das Skalarprodukt und das Vektorprodukt, werden zur Erinnerung kurz angesprochen.

Skalarprodukt (Punktprodukt, inneres Produkt)

Das Skalarprodukt zweier Vektoren ergibt eine Zahl (eine skalare Größe).

Das Skalarprodukt der beiden Vektoren $\vec{a}$ und $\vec{b}$ ist:

$$\vec{a} \bullet \vec{b} = a \cdot b \cdot \cos(\alpha) = |\vec{a}| \cdot |\vec{b}| \cdot \cos\left[\angle\left(\vec{a},\vec{b}\right)\right] = c \tag{1.4}$$

mit α = Winkel zwischen den Vektoren $\vec{a}$ und $\vec{b}$, $0 \le \alpha \le \pi$

Spezielle Fälle:

$$\vec{a} \bullet \vec{b} = 0 \text{ für } \vec{a} \perp \vec{b} \quad \text{(Vektoren senkrecht aufeinander)} \tag{1.5}$$

$$\vec{a} \bullet \vec{b} = ab \text{ für } \vec{a} \,||\, \vec{b} \quad \text{(Vektoren sind parallel)} \tag{1.6}$$

$$\vec{a} \bullet \vec{a} = a^2 \tag{1.7}$$

Das Skalarprodukt aus den kartesischen Komponenten der beiden Vektoren

$\vec{a} = \begin{pmatrix} a_x \\ a_y \\ a_z \end{pmatrix}$ und $\vec{b} = \begin{pmatrix} b_x \\ b_y \\ b_z \end{pmatrix}$ ist:

$$\vec{a} \bullet \vec{b} = a_x b_x + a_y b_y + a_z b_z \tag{1.8}$$

Für den Winkel $\alpha = \angle\left(\vec{a},\vec{b}\right)$ zwischen den beiden Vektoren gilt:

$$\cos(\alpha) = \frac{\vec{a} \bullet \vec{b}}{|\vec{a}| \cdot |\vec{b}|} = \frac{a_x b_x + a_y b_y + a_z b_z}{\sqrt{a_x^2 + a_y^2 + a_z^2} \cdot \sqrt{b_x^2 + b_y^2 + b_z^2}} \tag{1.9}$$

Das Skalarprodukt erweist sich als nützlich, wenn es (wie im Falle „Arbeit ist Kraft mal Weg“, $W = \vec{F} \bullet \vec{s}$) auf den Winkel zwischen den Größen ankommt.

Ändern sich bei Verrichtung der Arbeit W die Richtungen oder die Beträge von Kraft und Weg, so muss zur Berechnung der Arbeit eine Integration (Wegintegral, Linienintegral) ausgeführt werden.

Für das Skalarprodukt ist statt der Schreibweise $\vec{a} \bullet \vec{b}$ auch die Darstellung $\langle \vec{a}, \vec{b} \rangle$ üblich.

Vektorprodukt (Kreuzprodukt, äußeres Produkt)

Das Vektorprodukt zweier Vektoren ergibt einen Vektor. Das Vektorprodukt ist im Gegensatz zum Skalarprodukt nur im Raum definiert.

Das Vektorprodukt der beiden Vektoren $\vec{a} = \begin{pmatrix} a_x \\ a_y \\ a_z \end{pmatrix}$ und $\vec{b} = \begin{pmatrix} b_x \\ b_y \\ b_z \end{pmatrix}$ ist:

$$\vec{c} = \vec{a} \times \vec{b} = \begin{pmatrix} a_x \\ a_y \\ a_z \end{pmatrix} \times \begin{pmatrix} b_x \\ b_y \\ b_z \end{pmatrix} = \begin{pmatrix} a_y b_z - a_z b_y \\ a_z b_x - a_x b_z \\ a_x b_y - a_y b_x \end{pmatrix} \tag{1.10}$$

Wichtige Eigenschaften des Vektorproduktes:

$$\vec{b} \times \vec{a} = -\left(\vec{a} \times \vec{b}\right) \tag{1.11}$$

$$\vec{a} \times \vec{b} = 0 \text{ für } \vec{a} \parallel \vec{b} \text{ (oder } \vec{a} = 0 \text{ oder } \vec{b} = 0) \tag{1.12}$$

$$\left|\vec{a} \times \vec{b}\right| = |\vec{a}| \cdot \left|\vec{b}\right| \cdot \sin(\alpha) = |\vec{a}| \cdot \left|\vec{b}\right| \cdot \sin\left[\angle\left(\vec{a}, \vec{b}\right)\right] \tag{1.13}$$

$$\vec{a} \times \vec{b} \text{ steht } \perp \text{ auf } \vec{a} \text{ und } \vec{b} \tag{1.14}$$

Der Betrag des Vektorproduktes (die Länge von $\vec{c}$) entspricht der Fläche des von $\vec{a}$ und $\vec{b}$ aufgespannten Parallelogramms.

$$|c| = \left|\vec{a} \times \vec{b}\right| = \sqrt{c_x^2 + c_y^2 + c_z^2} \tag{1.15}$$

Die Vektoren $\vec{a}$, $\vec{b}$ und $\vec{c}$ bilden in genau dieser Reihenfolge ein **Rechtssystem**. Wird $\vec{a}$ auf kürzestem Weg nach $\vec{b}$ gedreht, so zeigt $\vec{c}$ in Richtung der Bewegung einer Schraube mit Rechtsgewinde.

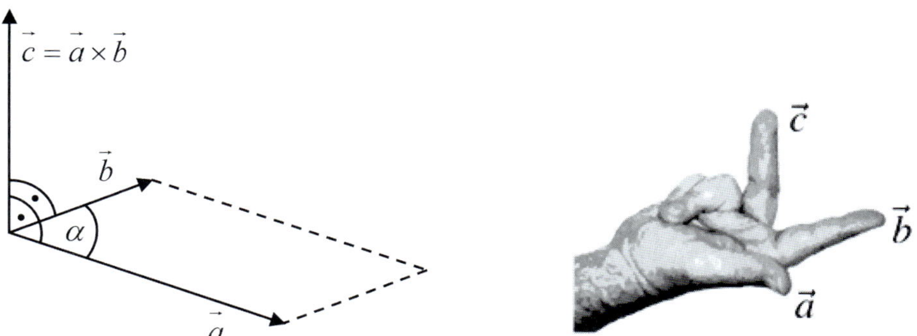

Abb. 1: Zum Vektorprodukt (links), Merkregel zum Rechtssystem mit Daumen, Zeige- und Mittelfinger der rechten Hand (rechts)

Beispiel 22
Das Drehmoment ergibt sich als Ergebnis eines Kreuzproduktes aus Hebelarm und Kraft, $\vec{M} = \vec{l} \times \vec{F}$. Auf die Reihenfolge der Faktoren ist zu achten: $\vec{l} \times \vec{F} = -\left(\vec{F} \times \vec{l}\right)$, der Betrag ist gleich, aber die Richtung ist entgegengesetzt.

1.7 Partielle Ableitungen

Das Differenzieren einer Funktion mit einer unabhängigen Variablen wird hier als bekannt vorausgesetzt. Für die Bestimmung der partiellen Ableitungen von Funktionen mit *mehreren* unabhängigen Variablen gelten die *gleichen Regeln* und Techniken wie beim Differenzieren von Funktionen mit einer unabhängigen Variablen (auch die Kettenregel).

Unter einer partiellen Ableitung versteht man die Ableitung einer Funktion mehrerer unabhängiger Variablen nach einer dieser Variablen. Alle anderen Variablen werden dabei wie Konstanten behandelt. Von einer Funktion gibt es also genauso viele erste Ableitungen, wie unabhängige Variable in der Funktion vorkommen.

Für eine Funktion mit n Variablen $z = f\left(x_1, x_2, ..., x_n\right)$ gilt somit:

$$z_{x1} = \frac{\partial z}{\partial x_1};\ z_{x2} = \frac{\partial z}{\partial x_2};\ldots;\ z_{xn} = \frac{\partial z}{\partial x_n} \qquad (\partial \text{ ist ein stilisiertes d}) \qquad (1.16)$$

Beim partiellen Differenzieren werden alle Variablen bis auf die eine, nach der differenziert wird, als Konstante angesehen. Die Variablen werden allerdings nur beim Differenzieren wie eine Konstante behandelt, sind aber nach wie vor Variablen.

Da auch die partiellen Ableitungen wieder Funktionen der unabhängigen Variablen sind, lassen sie sich wie die Ableitungen von Funktionen mit einer unabhängigen Variablen noch einmal partiell differenzieren. Man erhält die partiellen Ableitungen zweiter Ordnung der Funktion.

$$z_{x1x1} = \frac{\partial^2 z}{\partial x_1^2} = \frac{\partial z_{x1}}{\partial x_1};\ z_{x2x2} = \frac{\partial^2 z}{\partial x_2^2} = \frac{\partial z_{x2}}{\partial x_2};\ldots;z_{xnxn} = \frac{\partial^2 z}{\partial x_n^2} = \frac{\partial z_{xn}}{\partial x_n} \qquad (1.17)$$

Außerdem ist es möglich, die erste partielle Ableitung nach x_1 im zweiten Schritt nach x_2 sowie die partielle Ableitung nach x_2 anschließend nach x_1 zu differenzieren. Man erhält dann die gemischten partiellen Ableitungen.

$$z_{x1x2} = \frac{\partial^2 z}{\partial x_1 \partial x_2} = \frac{\partial z_{x1}}{\partial x_2};\ z_{x2x1} = \frac{\partial^2 z}{\partial x_2 \partial x_1} = \frac{\partial z_{x2}}{\partial x_1} \qquad (1.18)$$

Beispiel 23

$$z = f(x,y) = x^3 y - x y^3 + 2x - y + 5$$

$$z_x = \frac{\partial z}{\partial x} = 3yx^2 - y^3 + 2;\ z_{xx} = \frac{\partial^2 z}{\partial x^2} = 6yx;\ z_y = \frac{\partial z}{\partial y} = x^3 - 3xy^2 - 1;$$

$$z_{yy} = \frac{\partial^2 z}{\partial y^2} = -6xy;\ z_{xy} = \frac{\partial z_x}{\partial y} = 3x^2 - 3y^2;\ z_{yx} = \frac{\partial z_y}{\partial z_x} = 3x^2 - 3y^2$$

1.8 Koordinatensysteme

Zur Festlegung von Punkten, Längen und Bewegungen werden Koordinatensysteme benutzt. Ein und derselbe Vektor kann in verschiedenen Koordinatensystemen angegeben werden. Im dreidimensionalen Raum sind genau drei Angaben notwendig, um einen Punkt P im Raum festzulegen. Über ein Koordinatensystem wird geregelt, welche drei Angaben notwendig sind.

Wichtig sind vor allem die so genannten orthogonalen Koordinatensysteme, deren Einheitsvektoren senkrecht aufeinander stehen. Die wichtigsten orthogonalen Koordinatensysteme sind:

- Kartesische Koordinaten
- Zylinderkoordinaten
- Kugelkoordinaten

Ein Zylinder- oder Kugelkoordinatensystem vereinfacht häufig physikalische Rechnungen.

Ein **Ortsvektor** ist ein Vektor vom Koordinatenursprung zu einem Raumpunkt P.

Wird einem Raumpunkt P ein Vektor zugewiesen, so handelt es sich um einen **Feldvektor**.

Um einen Punkt P im Raum festzulegen, sind folgende Angaben seiner Koordinaten nötig:

$P(x,y,z)$ beim kartesischen Koordinatensystem, $P(\rho,\varphi,z)$ beim Zylinderkoordinatensystem und $P(r,\vartheta,\varphi)$ beim Kugelkoordinatensystem.

1.8.1 Kartesische Koordinaten

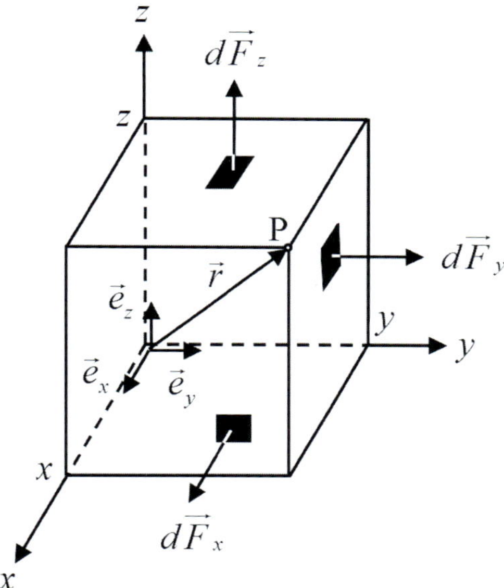

Abb. 2: Kartesisches Koordinatensystem (x, y, z)

Einheitsvektoren:

$$\vec{e}_x,\ \vec{e}_y,\ \vec{e}_z \tag{1.19}$$

Kreuzprodukte:

$$\vec{e}_x \times \vec{e}_y = \vec{e}_z,\ \vec{e}_y \times \vec{e}_z = \vec{e}_x,\ \vec{e}_z \times \vec{e}_x = \vec{e}_y \tag{1.20}$$

Ortsvektor:

$$\vec{r} = \vec{e}_x\, x + \vec{e}_y\, y + \vec{e}_z\, z \tag{1.21}$$

Betrag des Ortsvektors:

$$r = \sqrt{x^2 + y^2 + z^2} \tag{1.22}$$

Vektorielles Wegelement:

$$d\vec{r} = \vec{e}_x\, dx + \vec{e}_y\, dy + \vec{e}_z\, dz \tag{1.23}$$

Vektorielle Flächenelemente:

$$d\vec{F}_x = \vec{e}_x\, dy\, dz,\; d\vec{F}_y = \vec{e}_y\, dx\, dz,\; d\vec{F}_z = \vec{e}_z\, dx\, dy \tag{1.24}$$

Volumenelement:

$$dV = dx\, dy\, dz \tag{1.25}$$

1.8.2 Zylinderkoordinaten

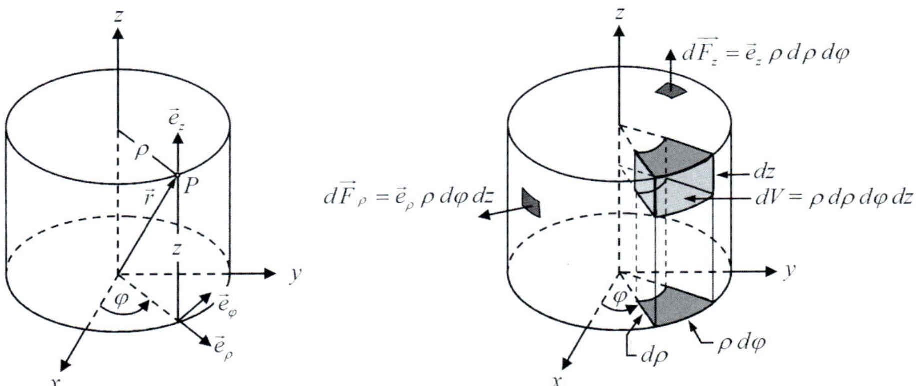

Abb. 3: Zylindrisches Koordinatensystem (ρ, φ, z)

r = Abstand vom Ursprung, ρ = Abstand vom Ursprung der Projektion von $\vec{r}$ in die xy-Ebene, φ = Winkel der Projektion von $\vec{r}$ in die xy-Ebene mit der x-Achse

Einheitsvektoren:

$$\vec{e}_\rho,\; \vec{e}_\varphi,\; \vec{e}_z \tag{1.26}$$

Kreuzprodukte:

$$\vec{e}_\rho \times \vec{e}_\varphi = \vec{e}_z,\; \vec{e}_\varphi \times \vec{e}_z = \vec{e}_\rho,\; \vec{e}_z \times \vec{e}_\rho = \vec{e}_\varphi \tag{1.27}$$

Ortsvektor:

$$\vec{r} = \vec{e}_\rho \rho + \vec{e}_z z \tag{1.28}$$

Betrag des Ortsvektors:

$$r = \sqrt{\rho^2 + z^2} \tag{1.29}$$

Vektorielles Wegelement:

$$d\vec{r} = \vec{e}_\rho \, d\rho + \vec{e}_\varphi \, \rho d\varphi + \vec{e}_z \, dz \tag{1.30}$$

Vektorielle Flächenelemente:

$$d\vec{F}_\rho = \vec{e}_\rho \, \rho \, d\varphi dz, \; d\vec{F}_z = \vec{e}_z \, \rho \, d\rho \, d\varphi \tag{1.31}$$

Volumenelement:

$$dV = \rho \, d\rho \, d\varphi dz \tag{1.32}$$

1.8.3 Kugelkoordinaten

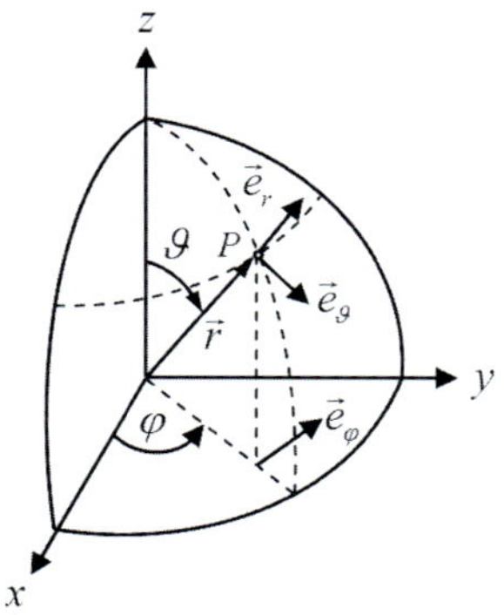

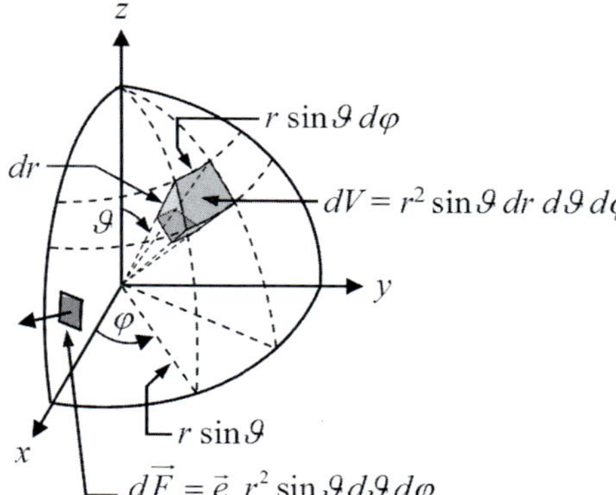

Abb. 4: Kugelkoordinatensystem (r, ϑ, φ)

r = Abstand vom Ursprung, ϑ = Winkel von $\vec{r}$ mit der z-Achse, φ = Winkel der Projektion von $\vec{r}$ in die xy-Ebene mit der x-Achse

Einheitsvektoren:

$$\vec{e}_r, \; \vec{e}_\vartheta, \; \vec{e}_\varphi \tag{1.33}$$

Kreuzprodukte:

$$\vec{e}_r \times \vec{e}_\vartheta = \vec{e}_\varphi, \; \vec{e}_\vartheta \times \vec{e}_\varphi = \vec{e}_r, \; \vec{e}_\varphi \times \vec{e}_r = \vec{e}_\vartheta \tag{1.34}$$

Ortsvektor:

$$\vec{r} = \vec{e}_r \, r \tag{1.35}$$

Betrag des Ortsvektors:

$$r = \sqrt{\vec{r}^2} \tag{1.36}$$

Vektorielles Wegelement:

$$d\vec{r} = \vec{e}_r\,dr + \vec{e}_\vartheta\,r\,d\vartheta + \vec{e}_\varphi\,r\sin(\vartheta)\,d\varphi \tag{1.37}$$

Vektorielles Flächenelement:

$$d\vec{F} = \vec{e}_r\,r^2\sin(\vartheta)\,d\vartheta\,d\varphi \tag{1.38}$$

Volumenelement:

$$dV = r^2\sin(\vartheta)\,dr\,d\vartheta\,d\varphi \tag{1.39}$$

1.8.4 Umrechnung der Ortskoordinaten

Zylinderkoordinaten ($\rho,\ \varphi,\ z$) $\rightarrow$ kartesische Koordinaten ($x,\ y,\ z$):

$$x = \rho\cos(\varphi) \tag{1.40}$$

$$y = \rho\sin(\varphi) \tag{1.41}$$

$$z = z \tag{1.42}$$

Kartesische Koordinaten ($x,\ y,\ z$) $\rightarrow$ Zylinderkoordinaten ($\rho,\ \varphi,\ z$):

$$\rho = \sqrt{x^2 + y^2} \tag{1.43}$$

$$\varphi = \begin{cases} \arctan(y/x) & \text{für } x \geq 0 \\ \pi + \arctan(y/x) & \text{für } x < 0 \end{cases} \tag{1.44}$$

$$z = z \tag{1.45}$$

Kugelkoordinaten ($r,\ \vartheta,\ \varphi$) $\rightarrow$ kartesische Koordinaten ($x,\ y,\ z$):

$$x = r\sin(\vartheta)\cos(\varphi) \tag{1.46}$$

$$y = r\sin(\vartheta)\sin(\varphi) \tag{1.47}$$

$$z = r\cos(\vartheta) \tag{1.48}$$

Kartesische Koordinaten (x, y, z) → Kugelkoordinaten (r, ϑ, φ):

$$r = \sqrt{x^2 + y^2 + z^2} \tag{1.49}$$

$$\vartheta = \begin{cases} \arctan\left(\sqrt{x^2 + y^2}/z\right) & \text{für } z \geq 0 \\ \pi + \arctan\left(\sqrt{x^2 + y^2}/z\right) & \text{für } z < 0 \end{cases} \tag{1.50}$$

$$\varphi = \begin{cases} \arctan(y/x) & \text{für } x \geq 0 \\ \pi + \arctan(y/x) & \text{für } x < 0 \end{cases} \tag{1.51}$$

Zylinderkoordinaten (ρ, φ, z) → Kugelkoordinaten (r, ϑ, φ):

$$r = \sqrt{\rho^2 + z^2} \tag{1.52}$$

$$\vartheta = \begin{cases} \arctan(\rho/z) & \text{für } z \geq 0 \\ \pi + \arctan(\rho/z) & \text{für } z < 0 \end{cases} \tag{1.53}$$

$$\varphi = \varphi \tag{1.54}$$

Kugelkoordinaten (r, ϑ, φ) → Zylinderkoordinaten (ρ, φ, z):

$$\rho = r\sin(\vartheta) \tag{1.55}$$

$$\varphi = \varphi \tag{1.56}$$

$$z = r\cos(\vartheta) \tag{1.57}$$

1.9 Darstellungsformen von Kurven

Kurven (Funktionen) können in verschiedener Weise dargestellt werden.

Tabelle 5: Darstellungsformen von Kurven

Darstellungsform	In der Ebene	Im Raum
Explizite Form	$y = f(x)$	$z = f(x, y)$
Implizite (geschlossene) Form	$F(x, y) = 0$	$F(x, y, z) = 0$
Parameterdarstellung	$x = x(t);\ y = y(t)$	$x = x(t);\ y = y(t);\ z = z(t)$
Vektorielle Parameterdarstellung	$\vec{r}(t) = \begin{pmatrix} x(t) \\ y(t) \end{pmatrix}$	$\vec{r}(t) = \begin{pmatrix} x(t) \\ y(t) \\ z(t) \end{pmatrix}$

1.9.1 Explizite Form

Funktionen werden möglichst explizit definiert dargestellt. Dabei steht der Funktionswert (die abhängige Variable) isoliert auf der linken Seite der Funktionsgleichung, und die Glieder mit und ohne unabhängiger Funktionsvariablen stehen auf der rechten Seite.

Beispiel 24

$y = 3x - \sin(x);\ y = -5xe^x + 1;\ y = x^2 - 2x + 4;\ z = 3x^2 + y$

1.9.2 Implizite Form

Der Zusammenhang zwischen den Variablen x und y kann in einer Gleichung so dargestellt werden, dass die Glieder mit x und y auf beiden Seiten der Gleichung stehen, ohne dass erkennbar ist, ob x oder y die unabhängige Variable ist. Man spricht dann von implizit definierten Funktionen und von Relationen.

Beispiel 25

$F(x, y) = x^3 + 2y^3 - 3xy + 1 = 0;\ x^2 + y^2 - 4 = 0;\ e^x = xy$

Wird die implizite Funktionsgleichung nach der abhängigen Variablen aufgelöst, so erhält man die explizite Darstellung.

1.9.3 Parameterdarstellung

Die Variablen x, y und z werden in Abhängigkeit von einer dritten Variablen, dem Parameter t, dargestellt. Durch die Funktionsgleichungen

$$x = x(t);\ y = y(t) \text{ bzw. } x = x(t);\ y = y(t);\ z = z(t) \quad t \in [t_1, t_2] \tag{1.58}$$

in der Ebene bzw. im Raum wird jedem Wert des Parameters t eindeutig ein Wert x und ein Wert y zugeordnet. Der Parameter erstreckt sich über ein Intervall [Minimum, Maximum]. Im ebenen kartesischen Koordinatensystem erfolgt also eine Zerlegung in eine x-Komponente und in eine y-Komponente.

Bei der Parameterdarstellung wird eine Funktion verwendet, die aus einem Parameterraum in den Zielraum zeigt. Jedem Parameterwert t wird ein Punkt $P(t)$ auf der Kurve zugeordnet:

$$P(t) = \begin{pmatrix} x(t) \\ y(t) \end{pmatrix}, \ t \in [t_1, t_2] \tag{1.59}$$

Der Parameter t repräsentiert die Position auf der Kurve: Für $t = t_1$ ergibt sich der Anfangspunkt, für $t = t_2$ der Endpunkt. Da der Parameter t nicht auf einer Achse des Zielraums erscheint, wird die Darstellung der Kurve unabhängig von den Achsen des Zielraums.

Die Parameterdarstellung wird dann angewandt, wenn es zu einem Wert der unabhängigen Variablen mehr als einen Wert der abhängigen Variablen gibt, die explizite oder implizite Beschreibung einer Kurve durch eine Gleichung also nicht mehr ausreicht. Dies ist z. B. der Fall, wenn eine Parallele zur y-Achse die Kurve einer Funktion in mehreren Punkten schneidet.

Ist eine Funktion durch Parametergleichungen definiert, so kann sie durch Elimination des Parameters t in expliziter Form dargestellt werden.

Beispiel 26
Die Parameterdarstellung ist $x = t + 2$, $y = 5 - \frac{t^2}{2}$. Aus $x = t + 2$ folgt $t = x - 2$.

Dieser Ausdruck für t wird in die Gleichung für y eingesetzt:

$y = 5 - \frac{(x-2)^2}{2}$ oder $y = -\frac{x^2}{2} + 2x + 3$.

Die explizite Form kann auch in die parametrische Darstellung umgewandelt werden. Hierfür lässt sich keine allgemeine Vorgehensweise angeben, mehrere Lösungen der Parametrisierung sind möglich. Die Parameterdarstellung einer Kurve ist also nicht eindeutig, eine Kurve besitzt unendlich viele Parameterdarstellungen.

Beispiel 27

Gegeben ist die explizite Darstellung $y = 1 - x,\ x \in [1,4]$. Um einen Parameter einzuführen, kann man setzen: $x = t$. Dann ist $y(t) = 1 - t,\ t \in [0,4]$. Die Kurve (eine Gerade) wird jetzt durch die Parametergleichungen $x(t) = t$ und $y(t) = 1 - t$ beschrieben. Der Bereich des Parameters t wurde angepasst, um in einem kartesischen Koordinatensystem den gleichen Anfangs- und Endpunkt der Grafik zu erhalten wie in der expliziten Darstellung. Die gleiche Kurve wird aber auch durch die Gleichungen $x(t) = t^2$ und $y(t) = 1 - t^2,\ t \in [0,2]$ beschrieben. In Maple (ein Mathematikprogramm, dessen Bedienung hier nicht erläutert wird) ergeben die Ausdrücke

»plot(1–x, x = 0..4);« »plot([t,1– t, t = 0..4]);« und »plot([t², 1– t², t = 0..2]);«

die gleiche Grafik der Kurve mit identischen Anfangs- und Endpunkten. Es ist eine Gerade zwischen den Punkten (0,1) und (4,–3).

1.9.4 Vektorielle Parameterdarstellung

In der Physik werden oft entlang Kurven gewisse Größen durch eine Integration berechnet. Beispiele hierfür sind Wege, auf denen Massen oder Ladungsträger in einem Kraftfeld bewegt werden. Eine orientierte (oder gerichtete) Kurve in der Ebene $\mathbb{R}^2$ oder im Raum $\mathbb{R}^3$, d. h. eine Kurve mit einer angegebenen Orientierung bzw. Durchlaufrichtung, kann durch eine Parametrisierung beschrieben werden. Dabei wird jeder Punkt der Kurve mit genau einer reellen Zahl, dem Parameter, identifiziert. Dieser dient sozusagen als „Name" für den entsprechenden Punkt. Wächst der Wert des Parameters (kontinuierlich) an, so soll sich der entsprechende Punkt auf der Kurve (kontinuierlich) in die angegebene Durchlaufrichtung bewegen. Umgekehrt ist nach der Wahl einer Parametrisierung durch die Angabe einer reellen Zahl t ein eindeutiger Punkt der Kurve festgelegt, dessen Ortsvektor mit $\vec{r}(t)$ bezeichnet wird.

Der Parameter t durchläuft häufig ein endliches, abgeschlossenes Intervall $[t_1, t_2]$, den Parameterbereich. $\vec{r}(t_1)$ ist dann der Anfangspunkt der Kurve, $\vec{r}(t_2)$ ist der Endpunkt. Mit Komponenten des Vektors kann der Ortsvektor im dreidimensionalen Raum geschrieben werden als:

$$\vec{r}(t) = x(t)e_x + y(t)e_y + z(t)e_z = \begin{pmatrix} x(t) \\ y(t) \\ z(t) \end{pmatrix},\ t \in [t_1, t_2] \tag{1.60}$$

Damit wird ausgedrückt, dass alle drei Komponenten Funktionen von t sind, sie werden als **Komponentenfunktionen** bezeichnet. $\vec{r}(t)$ heißt **Vektorfunktion**, zu ihr muss der Parameterbereich immer angegeben werden. Soll die Kurve keine „Lücken" haben, müssen die Komponentenfunktionen stetig sein.

Meist sind die Kurven glatt oder stückweise glatt, d. h. sie besitzen abgesehen von einzelnen Ecken in jedem Punkt eine definierte Richtung (Tangente). Die Parametrisierung einer glatten Kurve kann immer so gewählt werden, dass die Komponentenfunktionen differenzierbar sind.

Beispiel 28

Vektorielle Parameterdarstellung eines Geradenstückes in der Ebene mit dem Parameter t:

$$\vec{r}(t)=\begin{pmatrix}2+3t\\4-7t\end{pmatrix},\ 0\leq t\leq 1$$

Das Geradenstück geht vom Punkt $\vec{r}(0)=\begin{pmatrix}2\\4\end{pmatrix}$ zum Punkt $\vec{r}(1)=\begin{pmatrix}5\\-3\end{pmatrix}$.

Die reine Parameterdarstellung unter Benutzung der Komponentenfunktionen wäre:

$$\begin{matrix}x(t)=2+3t\\y(t)=4-7t\end{matrix}\ \text{mit}\ 0\leq \mathrm{t}\leq 1$$

Beispiel 29

Für ein gegebenes $R>0$ und $c\neq 0$ beschreibt die folgende Vektorfunktion eine zylindrische Raumspirale (Schraubenlinie, Helix) mit zwei Windungen (4π) um die z-Achse, dem Radius R und der Ganghöhe (Höhenunterschied nach einer Windung) $h=2\pi c$:

$$\vec{r}(t)=\begin{pmatrix}R\cdot\cos(t)\\R\cdot\sin(t)\\c\cdot t\end{pmatrix},\ 0\leq \mathrm{t}\leq 4\pi.$$ Die Befehle zum Plotten in Maple sind:

```
> restart;

> with(plots);

> spacecurve([2*cos(t), 2*sin(t), t/5],
t = 0..4*Pi, colour=black, axes=box,
labels=[x,y,z], thickness=2);
```

Als Plot erhält man:

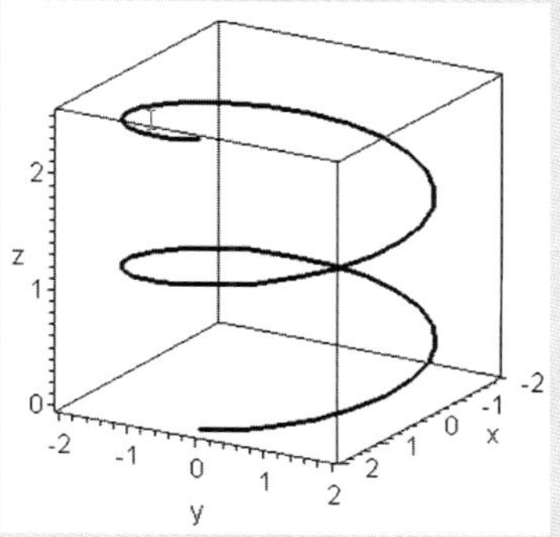

Abb. 5: Plot einer Helix

1.9.4.1 Richtung einer Kurve

Für die Anwendung in Linienintegralen ist es wichtig, die Richtung einer Kurve in jedem ihrer Punkte angeben zu können. Die Richtung einer Kurve wird durch Differenzieren ermittelt. Ist die vektorielle Darstellung mit einem Parameter einer orientierten Kurve gegeben, so ist der **Tangentenvektor** (Richtungsvektor, Ableitungsvektor) der Kurve im Punkt $\vec{r}(t)$ gegeben durch:

$$\frac{d\vec{r}(t)}{dt} \equiv \dot{\vec{r}}(t) \equiv \begin{pmatrix} \dot{x}(t) \\ \dot{y}(t) \\ \dot{z}(t) \end{pmatrix}, \; t \in [t_1, t_2] \tag{1.61}$$

Der Tangentenvektor zeigt in die Richtung, die beim Durchlaufen der Kurve durch wachsende t-Werte gegeben ist. Die Orientierung des Tangentenvektors stimmt also mit der Orientierung der Kurve überein.

Beispiel 30
Für den Einheitskreis in vektorieller Parameterdarstellung

$$\vec{r}(t) = \begin{pmatrix} \cos(t) \\ \sin(t) \end{pmatrix}, \; t \in [0, 2\pi]$$

erhalten wir den zu $\vec{r}(t)$ orthogonalen Ableitungsvektor

$$\frac{d\vec{r}(t)}{dt} = \dot{\vec{r}}(t) = \begin{pmatrix} -\sin(t) \\ \cos(t) \end{pmatrix}, \; t \in [0, 2\pi].$$

1.9.4.2 Bogenlänge einer ebenen Kurve

Bei gegebener Vektorfunktion $\vec{r}(t) = \begin{pmatrix} x(t) \\ y(t) \end{pmatrix}, \; t \in [a, b]$ ist die Länge s eines Kurvenstücks (die Bogenlänge) zwischen den Punkten P_a und P_b der Kurve:

$$s = \int_a^b \sqrt{\left(\frac{dx}{dt}\right)^2 + \left(\frac{dy}{dt}\right)^2} dt = \int_a^b \sqrt{\dot{x}(t)^2 + \dot{y}(t)^2} dt \tag{1.62}$$

Für kartesische Koordinaten mit gegebenem $y = f(x)$ ist das Bogenelement

$$ds = \sqrt{(dx)^2 + (dy)^2} = \sqrt{1 + f'(x)^2} = \sqrt{\dot{x}(t)^2 + \dot{y}(t)^2} \tag{1.63}$$

und die Bogenlänge

$$s = \int_a^b \sqrt{1 + f'(x)^2}\, dx \tag{1.64}$$

Für eine ebene Kurve in Polarkoordinaten mit r und φ ist das Bogenelement

$$ds = \sqrt{(dr)^2 + (r \cdot d\varphi)^2} \tag{1.65}$$

und die Bogenlänge

$$s = \int_{\varphi_0}^{\varphi_1} \sqrt{r(\varphi)^2 + r'(\varphi)^2} \tag{1.66}$$

Beispiel 31

In Polarkoordinaten ist ein Kreis mit dem Radius R um den Mittelpunkt $M(0,0)$ definiert durch die Gleichungen $r(\varphi) = R$ (const.) und $0 \le \varphi < 2\pi$. Der Kreisumfang U ist:

$$U = \int_0^{2\pi} \sqrt{r(\varphi)^2 + r'(\varphi)^2}\, d\varphi = \int_0^{2\pi} \sqrt{R^2 + 0^2}\, d\varphi = \int_0^{2\pi} R\, d\varphi = R \cdot [\varphi]_0^{2\pi} = \underline{\underline{2\pi R}}$$

Beispiel 32

Rollt ein Kreis mit dem Radius r auf einer Geraden, so beschreibt jeder Punkt des Umfangs eine Kurve, die gewöhnliche Zykloide (Rollkurve) genannt wird. Als „Rollgerade" wird die x-Achse gewählt. In der Anfangslage befindet sich der Punkt P des Kreisumfangs im Ursprung des Koordinatensystems. Die Länge der Zykloide soll für einen Kreisumlauf bestimmt werden.

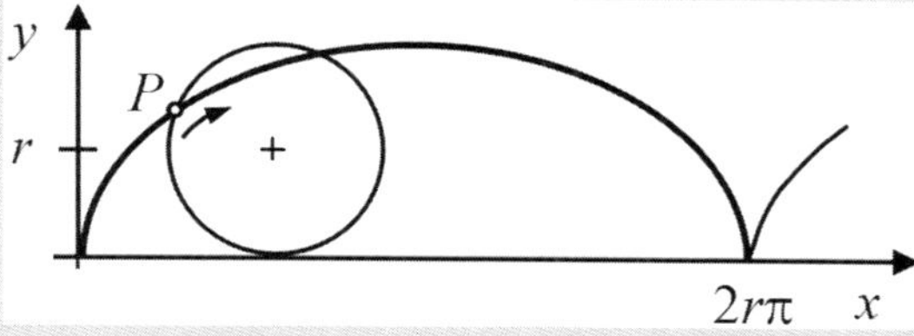

Abb. 6: Bahnbewegung, die ein Punkt P beim Abrollen eines Kreises beschreibt

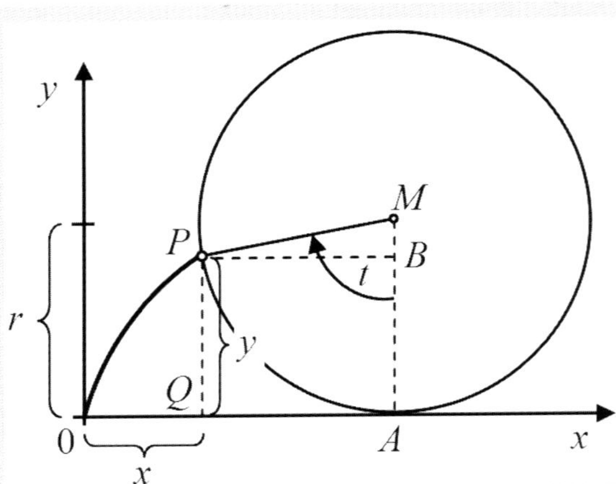

Abb. 7: Zur Herleitung der Parameterdarstellung der Zykloide

Als Parameter wird der Wälzwinkel t eingeführt. Der Punkt $P(x,y)$ ist ein Punkt der Zykloide. Der **Bogen** AP ist gleich der **Strecke** $0A$. Für die Koordinaten des Punktes P erhält man: $0Q = x = 0A - AQ$ und $PQ = y = MA - MB$.

Aus $0A = \widehat{AP} = r \cdot t$, $AQ = BP = r \cdot \sin(t)$ und $MB = r \cdot \cos(t)$ ergibt sich die Parameterdarstellung $x = r \cdot t - r \cdot \sin(t)$, $y = r - r \cdot \cos(t)$, $0 \leq \mathrm{t} \leq 2\pi$, oder in vektorieller Parameterdarstellung mit dem Ortsvektor $\vec{x}(t)$

$$\vec{x}(t) = \begin{pmatrix} r \cdot (t - \sin(t)) \\ r \cdot (1 - \cos(t)) \end{pmatrix},\ t \in [0, 2\pi] \qquad (1.67)$$

Die Länge $s = \int\limits_0^{2\pi} \sqrt{\dot{x}^2 + \dot{y}^2}\,dt$ eines Zykloidenbogens ist somit:

$$\dot{x} = r \cdot (1 - \cos(t));\ \dot{y} = r \cdot \sin(t);\ s = \int\limits_0^{2\pi} \sqrt{r^2 \cdot (1 - \cos(t))^2 + r^2 \cdot \sin(t)^2}\,dt$$

$$s = r \cdot \int\limits_0^{2\pi} \sqrt{1 - 2 \cdot \cos(t) + \cos(t)^2 + \sin(t)^2}\,dt;\ \cos(t)^2 + \sin(t)^2 = 1;$$

$$s == r \cdot \int\limits_0^{2\pi} \sqrt{2 \cdot (1 - \cos(t))}\,dt;\ 1 - \cos(t) = 2 \cdot \left[\sin\left(\frac{t}{2}\right)\right]^2;$$

$$s = 2 \cdot r \cdot \int\limits_0^{2\pi} \sin\left(\frac{t}{2}\right) dt = 2 \cdot r \cdot \left[-2 \cdot \cos\left(\frac{t}{2}\right)\right]_0^{2\pi};\ \underline{\underline{s = 8 \cdot r}}$$

1.9.4.3 Bogenlänge einer Kurve im dreidimensionalen Raum

Im dreidimensionalen Raum mit der Vektorfunktion

$\vec{r}(t) = \begin{pmatrix} x(t) \\ y(t) \\ z(t) \end{pmatrix}, t \in [a,b]$ ist die Bogenlänge:

$$s = \int_a^b \sqrt{\dot{x}(t)^2 + \dot{y}(t)^2 + \dot{z}(t)^2} = \int_a^b \left|\dot{\vec{r}}(t)\right| dt \tag{1.68}$$

Beispiel 33

Zu berechnen ist die Länge einer Windung um die z-Achse einer Schraubenlinie, welche durch folgende vektorielle Parameterdarstellung gegeben ist:

$\vec{r}(t) = \begin{pmatrix} R \cdot \cos(t) \\ R \cdot \sin(t) \\ \frac{h}{2\pi} \cdot t \end{pmatrix}, 0 \le \mathrm{t} \le 2\pi$; R = Radius, h = Ganghöhe

$\dot{\vec{r}}(t) = \begin{pmatrix} -R \cdot \sin(t) \\ R \cdot \cos(t) \\ \frac{h}{2\pi} \end{pmatrix}, 0 \le \mathrm{t} \le 2\pi;$

$$s = \int_0^{2\pi} \sqrt{(-R \cdot \sin(t))^2 + (R \cdot \cos(t))^2 + \left(\frac{h}{2\pi}\right)^2}\, dt;$$

$s = \int_0^{2\pi} \sqrt{R^2 + \frac{h^2}{4\pi^2}}\, dt = \underline{\underline{\sqrt{4\pi^2 R^2 + h^2}}}$; Für $h = 0$ ergibt sich der Kreisumfang $2\pi R$.

1.10 Zusammenfassung

1. Eine physikalische Größe besteht aus Zahlenwert und Einheit.
2. Physikalische Größen werden durch Formelzeichen abgekürzt.
3. Physikalische Einheiten werden durch Einheitenzeichen abgekürzt.
4. Es gibt Größen-, Zahlenwert- und Einheitengleichungen.
5. Das SI-System besteht aus sieben Basiseinheiten und aus abgeleiteten Einheiten.
6. Die Angabe von Zahlenwerten kann mit Zehnerpotenzen und mit Vorsilben erfolgen.
7. Griechische Buchstaben werden häufig in Formeln benutzt.
8. Skalare Größen haben keine Richtung, Vektoren sind gerichtete Größen.
9. Das Skalarprodukt zweier Vektoren ergibt eine Zahl, das Vektorprodukt zweier Vektoren ergibt einen Vektor.
10. In einem dreidimensionalen kartesischen Koordinatensystem sind die Basisvektoren so angeordnet, dass ein Rechtssystem entsteht.
11. Eine partielle Ableitung ist die Ableitung einer Funktion mehrerer unabhängiger Variablen nach einer dieser Variablen.
12. Wichtige Koordinatensysteme sind: Kartesische Koordinaten, Zylinderkoordinaten und Kugelkoordinaten. Verschiedenartige Koordinaten können ineinander umgerechnet werden.
13. Ein Ortsvektor ist ein Vektor vom Koordinatenursprung *zu* einem Raumpunkt. Ein Feldvektor ist ein Vektor *in* einem Raumpunkt.
14. Darstellungsarten von Kurven sind: Explizite Form, implizite Form, Parameterdarstellung, vektorielle Parameterdarstellung.
15. Der Tangentenvektor gibt die Richtung einer Kurve an.
16. Die Bogenlänge einer ebenen oder dreidimensionalen Kurve kann durch Integration berechnet werden.

2 Felder

2.1 Allgemeines zu physikalischen Feldern

Der Begriff des Feldes gilt in der Physik als sehr schwierig, daher wird zunächst in einem kurzen geschichtlichen Rückblick die Entstehung des Feldbegriffes betrachtet.

Der Physiker Isaac Newton (1643–1727) formulierte Gesetze für die Planetenbewegung und C.A. Coulomb (1736–1806) etwa 100 Jahre später für die Kraftwirkung zwischen elektrischen Ladungen. Die Darstellungen, dass zwei Massen bzw. zwei Ladungen über eine Entfernung scheinbar ohne ein „Kraftübertragungsmedium“ Kräfte aufeinander ausüben, beruhten auf der im 18. Jahrhundert beliebten Fernwirkungstheorie. Fernkräften wurden u.a. folgende Eigenschaften zugeschrieben: Die Ausbreitung einer Fernkraft erfolgt stets geradlinig. Die Ausbreitungsgeschwindigkeit der Fernkraft ist unendlich groß, sie erscheint gleichzeitig am Ort ihrer Entstehung und am Ort ihrer Wirkung. Der Raum ist an der Übertragung der Fernkraft nicht beteiligt.

Die Fernwirkungstheorie der Newton'schen Mechanik beinhaltete Widersprüche zu Erfahrungen des Alltags und zu Beobachtungen von Experimenten, die Michael Faraday (1791–1867) ausführte. Faraday ersetzte die Fernwirkungstheorie durch die Nahwirkungstheorie (Feldtheorie). Die Feldtheorie besagt: Der Raum ist durch einen speziellen Raumzustand mit besonderen physikalischen Eigenschaften an der Übertragung der Kraft vom Ort ihrer Ursache zum Ort ihrer Wirkung beteiligt. Die Kräfte überspringen den Raum zwischen dem Ort ihrer Ursache und dem Ort ihrer Wirkung nicht geradlinig mit unendlich großer Geschwindigkeit, sondern werden in dem Raum von Raumpunkt zu Raumpunkt mit einer endlichen Geschwindigkeit entlang gedachter, auch krummlinig verlaufender „unsichtbarer Fäden“, den Kraftlinien, übertragen. Diese **Kraftlinien** werden als **Feldlinien** bezeichnet.

Für Coulomb übte eine elektrische Ladung nur dann eine Kraft aus, wenn eine zweite Ladung vorhanden war. Für Faraday bildete sich um jede Ladung ein Feld aus, welches unabhängig von anderen Ladungen immer vorhanden war. Faraday erklärte die Kraftwirkung zwischen elektrischen Ladungen durch die Einführung einer neuen Größe, die er elektrisches Feld nannte. Die Fernwirkungen wurden auf Spannungen und somit auf Nahwirkungen im Feld zurückgeführt.

Der Physiker James Clerk Maxwell (1831–1879) gab Faradays Ideen die gültige mathematische Form, er fasste alle elektrischen und magnetischen Erscheinungen in wenigen Formeln zusammen. Die Maxwell'schen Gleichungen beschreiben den Zusammenhang zwischen elektrischen und magnetischen Feldern und die Entstehung elektromagnetischer Wellen mit der Lichtgeschwindigkeit als (endliche) Geschwindigkeit der Ausbreitung (im Vakuum).

Ein Feld ist also ein nicht an das Vorhandensein von Stoffen gebundener Zustand des Raumes, in dem an jeder Stelle eine physikalische Eigenschaft vorliegt oder eine Kraftwirkung erfolgt. Der Zustand lässt sich durch seine Wirkungen auf geeignete Testobjekte nachweisen. Im Falle des elektromagnetischen Feldes sind diese Testobjekte (Probekörper) ruhende oder bewegte Ladungen. Dabei kann Arbeit verrichtet werden, folglich sind Felder Träger von Energie. Ein Feld ist infolgedessen ein bestimmter energetischer Zustand eines Raumes.

In der Elektrotechnik erfolgt oft eine Beschränkung auf elektrische und magnetische Felder.

2.2 Der Feldbegriff

Es folgt eine allgemeine Definition des Feldbegriffes:

- Ein Feld beschreibt einen physikalischen Zustand innerhalb eines Raumes, allgemein in vier Dimensionen (drei Koordinaten der Richtungen x, y, z und die Zeit t).
- Dieser Zustand wird durch eine physikalische Feldgröße beschrieben, die jedem Punkt des Raumes zugeordnet wird.
- Die Gesamtheit aller Zustandswerte im Raum heißt Feld.

In der Physik wird einem Sachverhalt (einer Eigenschaft, einem messbaren Merkmal eines Gegenstandes) oder einer Komponente eine physikalische Größe zugeordnet. Einfache Größen werden auch auf einfache Weise zugeordnet, z. B. beträgt eine Länge 20 Meter, die Bewegung eines Fahrzeuges erfolgt mit einer Geschwindigkeit von $5\ \mathrm{m/s}$, oder der Strom durch eine Leitung hat die Stromstärke 10 Ampere.

Im Unterschied zu einer einfachen Größe wird in einem Feld *jedem Raumpunkt* eine Größe zugeordnet. Ein Feld beschreibt also die räumliche Abhängigkeit einer Größe. Ein ebenes Feld, welches sich in einer Ebene vollständig beschreiben lässt, kann als Sonderfall eines räumlichen Feldes betrachtet werden.

Die den Raumzustand beschreibende physikalische Größe wird Feldgröße genannt. Ist die physikalische Größe ein Vektor mit einem Betrag und einer Richtung in jedem Raumpunkt, so sprechen wir von einem **Vektorfeld** (häufig als Kraftfeld bezeichnet). Wird nur der Betrag der vektoriellen Feldgröße betrachtet oder ist die physikalische Größe eine skalare Größe, dann sprechen wir von einem **Skalarfeld**.

- Bei einem Vektorfeld wird jedem Raumpunkt ein Vektor (Feldvektor) zugeordnet.
- Bei einem Skalarfeld wird jedem Raumpunkt eine Zahl (ein Skalar) zugeordnet.

2.3 Grafische Darstellung des Vektorfeldes

Vektorfelder können durch mathematische Ausdrücke beschrieben werden. Anschaulicher sind aber **Feldlinien**, sie sind die grafische Darstellung der Ortsfunktion einer Feldgröße. Feldlinien sind *gedachte* Hilfslinien im Raum.

Die Richtung einer Tangente an eine Feldlinie stimmt in allen Raumpunkten mit der Richtung des dort herrschenden Feldvektors überein. Der Betrag der Feldgröße kann entlang einer Feldlinie konstant sein oder sich entlang der Feldlinie ändern.

Die Gesamtheit der Feldlinien ist das **Feldbild** (Feldlinienbild), welches eigentlich aus unendlich vielen Feldlinien besteht. Bei der Darstellung eines Feldes durch ein Feldbild werden natürlich nur einzelne Feldlinien verwendet. Vereinbarungen für ein Feldbild sind:

1. Die Richtung der Feldlinie gibt in jedem Punkt des Raumes die Richtung der Feldgröße an.
2. Die Dichte der Feldlinien ist dem Betrag der Feldgröße proportional. Der Abstand benachbarter Feldlinien ist daher umgekehrt proportional zum Betrag der Feldgröße, je kleiner der Abstand ist, desto größer ist der Betrag.

Vektorfelder werden durch Feldlinien beschrieben, die in jedem Punkt die Richtung des Feldvektors angeben (z. B. im Strömungsfeld die Richtung des Geschwindigkeitsvektors, mit einer Dichte der Feldlinien entsprechend dem Betrag der Geschwindigkeit).

Feldlinien können sich nicht kreuzen, da im Kreuzungspunkt zwei verschiedene Feldrichtungen gleichzeitig existieren müssten. Verlaufen Feldlinien in einem bestimmten Raumgebiet parallel, so ist das Vektorfeld in diesem Gebiet homogen. Feldlinien sind stets überall glatt und stetig mit Ausnahme von Feldübergängen an Grenzflächen.

2.4 Grafische Darstellung des Skalarfeldes

Die Zahl, die in einem Skalarfeld einem Raumpunkt zugeordnet ist, nennt man **Potenzial**. Die Menge aller Punkte in einem räumlichen Skalarfeld, denen die gleiche Zahl zugeordnet ist, wird als **Äquipotenzialfläche** oder **Niveaufläche** bezeichnet. Auf ihnen hat die skalare physikalische Größe einen gleichbleibenden Wert. Im elektrostatischen Feld einer ruhenden Punktladung bilden z. B. Kugeloberflächen um die im Mittelpunkt der Kugeln befindliche Punktladung Äquipotenzialflächen.

Äquipotenziallinien ergeben sich in ebenen Skalarfeldern (z. B. Höhenlinien in geografischen Karten oder Linien gleichen Luftdruckes (Isobaren) in Wetterkarten). Werden gekrümmte Äquipotenzialflächen von festgelegten Ebenen geschnitten, so entstehen Äquipotenziallinien als Schnittkurven. Ein Beispiel sind Kreise in der xy-Ebene um eine Punktladung, welche die Schnittlinien mit den Kugeloberflächen darstellen.

Skalarfelder werden durch eine Schar von Äquipotenzialflächen beschrieben bzw. grafisch dargestellt, auf denen die den Raumpunkten zugeordneten Zahlenwerte konstant sind.

Eine **Äquipotenzialfläche steht stets senkrecht zu den Feldlinien** (den Kraftlinien).

2.5 Arten physikalischer Felder

2.5.1 Skalarfeld (nicht gerichtet)

Wird jedem Punkt $P(x,y,z)$ eines Raumes durch eine skalare Ortsfunktion $u(x,y,z)$ oder $u(\vec{r})$ ein Skalar (eine reelle Zahl) zugewiesen, so spricht man von einem *Skalarfeld*. Die Zahl $u(x,y,z)$ heißt **Potenzial**.

Beispiel 34
Die Temperaturverteilung in einem Raum, der Luftdruck in Abhängigkeit der Höhe über dem Meeresspiegel, das elektrische Potenzial in der Umgebung einer Ladung haben keine Richtung. Sie haben nur einen bestimmten Betrag in jedem Punkt des betrachteten Raumgebietes, sie bilden somit ein Skalarfeld.

2.5.2 Vektorfeld (gerichtet)

Wird jedem Punkt $P(x,y,z)$ eines Raumes durch eine vektorielle Ortsfunktion $\vec{u}(x,y,z)$ bzw. $\vec{u}(\vec{r})$ ein Feldvektor

$$\vec{F}(x,y,z)=\begin{pmatrix} F_1(x,y,z) \\ F_2(x,y,z) \\ F_3(x,y,z) \end{pmatrix}$$ zugewiesen, so spricht man von einem *Vektorfeld*.

Vektorfelder sind in jedem Punkt durch eine Richtung (Vektor) und einen Skalar (Betrag des Vektors) gekennzeichnet.

Beispiel 35
Die Größen elektrisches und magnetisches Feld, Stromdichte, Strömungsgeschwindigkeit haben in jedem Punkt des betrachteten Raumes eine Richtung und einen Betrag. Sie bilden jeweils ein Vektorfeld.

2.5.3 Potenzialfeld

Kann jedem Raumpunkt eines Vektorfeldes ein Potenzial zugeordnet werden, so liegt ein **Potenzialfeld** vor. Im Potenzialfeld ist jeder Punkt des Feldes durch das dort vorhandene Potenzial eindeutig bestimmt.

Potenzialfelder werden auch **Gradientenfelder** oder **konservative Felder** genannt, oder als Vektorpotenzial bezeichnet. Zum Begriff „konservatives Feld" siehe auch Abschnitt 2.5.5.1. In einem Potenzialfeld ist ein Linienintegral (darauf wird später näher eingegangen) nur von Anfangs- und Endpunkt abhängig, aber nicht vom eingeschlagenen Verbindungsweg der beiden Punkte. Mit anderen Worten: Bei einem Potenzialfeld ist das Linienintegral längs einer beliebigen Kurve gleich der Potenzialdifferenz zwischen Anfangs- und Endpunkt der Kurve.

2.5.3.1 Gradient

Ein stetiges Vektorfeld $\vec{F}(x,y,z)=\begin{pmatrix} F_1(x,y,z) \\ F_2(x,y,z) \\ F_3(x,y,z) \end{pmatrix}$ heißt **Potenzialfeld**, wenn eine reellwertige **Potenzialfunktion** (ein Skalarfeld!) $f(x,y,z)$ von $\vec{F}(x,y,z)$ existiert, für die gilt:

$$\vec{F}(x,y,z)=\operatorname{grad}(f)=\nabla f=\begin{pmatrix} f_x \\ f_y \\ f_z \end{pmatrix} \tag{2.1}$$

Die Potenzialfunktion wird auch als Skalarpotenzial, kurz nur als **Potenzial** oder als Stammfunktion des Vektorfeldes bezeichnet. Die Abkürzung „grad" bedeutet **Gradient**, $\operatorname{grad}(f)$ ist die **partielle Ableitung** der Funktion $f(x,y,z)$ nach den Raumkoordinaten x, y und z. Das auf der Spitze stehende Dreieck ∇ ist der so genannte **Nabla-Operator**, ebenfalls (wie „grad") eine Abkürzung für die partielle Ableitung von $f(x,y,z)$ nach den drei Variablen x, y und z. Oft wird der Nabla-Operator als Vektor $\vec{\nabla}$ geschrieben. Der Differenzialoperator (partieller Ableitungsoperator) Nabla kann formal als Vektor notiert werden:

$$\nabla=\begin{pmatrix} \dfrac{\partial}{\partial x} \\ \dfrac{\partial}{\partial y} \\ \dfrac{\partial}{\partial z} \end{pmatrix} \tag{2.2}$$

Die drei partiellen Ableitungen der Potenzialfunktion (des Skalarfeldes) $f(x,y,z)$ müssen also gleich sein mit den drei Komponenten F_1, F_2 und F_3 des Vektorfeldes $\vec{F}(x,y,z)$, damit $\vec{F}(x,y,z)$ ein Potenzialfeld ist:

$$F_1 = f_x = \frac{\partial f}{\partial x};\ F_2 = f_y = \frac{\partial f}{\partial y};\ F_3 = f_z = \frac{\partial f}{\partial z} \qquad (2.3)$$

Der Gradient eines Skalarfeldes ist somit ein Vektorfeld.

Der Gradient beschreibt die Änderung eines Skalarfeldes $u(\vec{r})$, er ist derjenige Tangentialvektor (Ableitungsvektor) an einem skalaren Feld, der in die Richtung des stärksten Anstiegs zeigt. Mit anderen Worten: Der Gradient eines Skalarfeldes ist ein Vektor, der **senkrecht auf den Niveauflächen** des Skalarfeldes steht, er zeigt in diejenige Richtung, in der die Funktion $\vec{F}(x,y,z)$ am schnellsten anwächst. Der negative Gradient zeigt in die Richtung der schnellsten Abnahme der Funktion $\vec{F}(x,y,z)$. Der Betrag des Vektors entspricht der Stärke der Änderung des skalaren Wertes. Der Gradient kann kurz als **Anstiegsvektor** bezeichnet werden.

Als **notwendige** Bedingung, dass $\vec{F}(x,y,z)$ ein Potenzialfeld ist, müssen die **Integrabilitätsbedingungen** gelten.

Für ein ebenes Vektorfeld muss erfüllt sein:

$$f_{xy} = \frac{\partial F_1}{\partial y} = \frac{\partial F_2}{\partial x} = f_{yx} \qquad (2.4)$$

Für ein räumliches Vektorfeld muss gelten:

$$\begin{aligned} f_{xy} &= \frac{\partial F_1}{\partial y} = \frac{\partial F_2}{\partial x} = f_{yx} \\ f_{xz} &= \frac{\partial F_1}{\partial z} = \frac{\partial F_3}{\partial x} = f_{zx} \\ f_{yz} &= \frac{\partial F_2}{\partial z} = \frac{\partial F_3}{\partial y} = f_{zy} \end{aligned} \qquad (2.5)$$

Die notwendigen Integrabilitätsbedingungen sind auch **hinreichend**, wenn das **Gebiet**, in dem das Vektorfeld definiert ist, **einfach zusammenhängend** ist, d. h. keine „Löcher“ enthält.

Die Potenziale von Gradientenfeldern sind stets nur bis auf eine additive Konstante bestimmt, die beim Differenzieren wegfällt.

Aus dem Vektorfeld erhält man die Potenzialfunktion durch Integration über die Feldkoordinaten.

Ebenes Feld:

$$f(x,y)=\begin{cases}\int F_1(x,y)\,dx+C_1(y)\\ \int F_2(x,y)\,dy+C_2(x)\end{cases} \tag{2.6}$$

Räumliches Feld:

$$f(x,y,z)=\begin{cases}\int F_1(x,y,z)\,dx+C_1(y,z)\\ \int F_2(x,y,z)\,dy+C_2(x,z)\\ \int F_3(x,y,z)\,dz+C_3(x,y)\end{cases} \tag{2.7}$$

Die bei der unbestimmten Integration auftretenden Konstanten können die jeweils nicht beteiligten Variablen enthalten.

Bezüglich der **Konstante C** wird typischerweise ein **Bezugspunkt** gewählt, das Potenzial kann dann in jedem Punkt angegeben werden.

Beispiel 36

Gegeben ist das Vektorfeld $\vec{F}(x,y,z)=\begin{pmatrix}2x\\2y\\2z\end{pmatrix}$.

Die Funktion $f(x,y,z)=x^2+y^2+z^2$ ist eine Potenzialfunktion zu $\vec{F}(x,y,z)$, da gilt:

$$\frac{\partial f}{\partial x}=F_1=2x,\ \frac{\partial f}{\partial y}=F_2=2y,\ \frac{\partial f}{\partial z}=F_3=2z \text{ oder } \operatorname{grad}(f)=\nabla f=\begin{pmatrix}2x\\2y\\2z\end{pmatrix}$$

Beispiel 37

Gegeben ist das Vektorfeld $\vec{F}(x,y)=\begin{pmatrix}4x^3y^7\\7x^4y^6\end{pmatrix}$. Das Vektorfeld ist konservativ, da gilt:

$$\vec{F}(x,y)=\begin{pmatrix}4x^3y^7\\7x^4y^6\end{pmatrix}=\operatorname{grad}\left(x^4y^7\right).$$

Die zugehörige Potenzialfunktion ist: $f(x,y)=x^4y^7+C$

Beispiel 38

Gegeben ist die skalare Funktion $f(x,y)=\frac{1}{1+x^2+y^2}$ mit den Variablen x und y. Dieses Skalarfeld, sein Gradientenfeld und die jeweils zugehörigen grafischen Darstellungen werden mit Hilfe von Maple untersucht.

```
> restart; with(plots): with(Student[VectorCalculus]):
> f := 1/(1+x^2+y^2);
```

Ausgabe von Maple: $\frac{1}{1+x^2+y^2}$

Damit man sich unter der Funktion $f(x,y)$ etwas vorstellen kann, wird sie grafisch dargestellt.

```
> plot3d( f, x = –2..2, y = –2..2, axes = boxed, tickmarks = [7,7,7], shading = zgreyscale, orientation = [130, 70]);
```

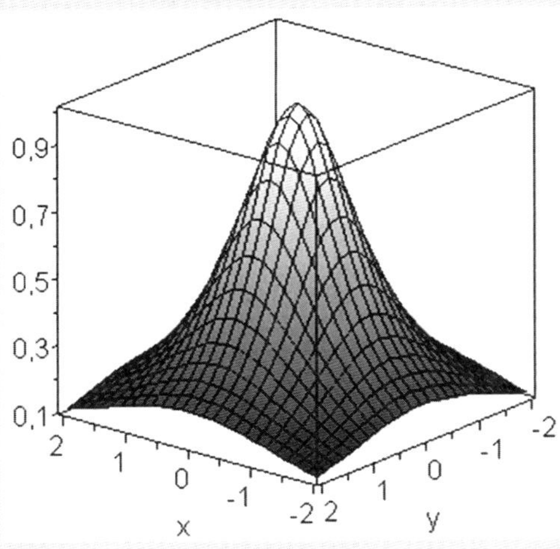

Abb. 8: Grafische Darstellung der Funktion $f(x,y)$

Der Gradient einer Funktion setzt sich aus den partiellen Ableitungen der Funktion nach jeder unabhängigen Variablen zusammen. Damit die gemeinsame Darstellung von Funktion und ihrer Ableitung übersichtlich bleibt, wird hier nur die Ableitung nach y gebildet. Sie wird *fy* genannt.

```
> fy := diff(f, y);
```

Ausgabe von Maple: $-\frac{2y}{\left(1+x^2+y^2\right)^2}$

Die Funktion $f(x,y)$ und ihre Ableitung nach y werden nun zusammen in einer zweidimensionalen Grafik dargestellt.

> *p1*:= plot3d(*f*, *x* = –2..2, *y* = –2..2, style = wireframe, color = black, axes = boxed, tickmarks = [7,7,7]):
> *p2*:= plot3d(*fy*, *x* = –2..2, *y* = –2..2, shading = zgreyscale):

> display3d([*p1*, *p2*], orientation = [0, 90]);

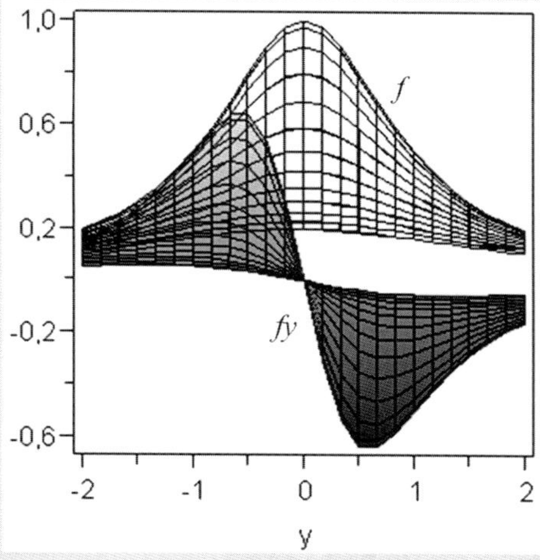

Abb. 9: f = Funktion, fy = Ableitung von f nach y

Aus obiger Grafik ist zu erkennen:

1. Die partielle Ableitung gibt die Steigung in y-Richtung der Ursprungsfunktion f an.
2. Die partielle Ableitung hat einen Hochpunkt an der steilsten Stelle (am Wendepunkt) der Ursprungsfunktion f.
3. Die partielle Ableitung hat einen Nullpunkt am Hochpunkt der Ursprungsfunktion f, deren Steigung dort null ist.

Die Funktion f wird nun in der Ebene mit Hilfe von Höhenlinien als zweidimensionale Grafik dargestellt.

> *p3*:= contourplot(*f*, *x* = –5..5, *y* = –5..5, grid = [100,100], contours = 20, color = black):

> display(*p3*);

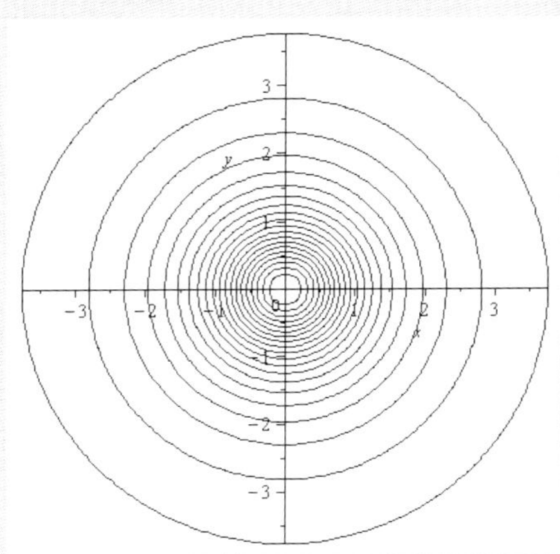

Abb. 10: Höhenlinien der Funktion f

Die Höhenlinien können auch als dreidimensionale Grafik sichtbar gemacht werden.

> contourplot3d(f, x = –5..5, y = –5..5, grid = [100,100], contours = 20, color = black);

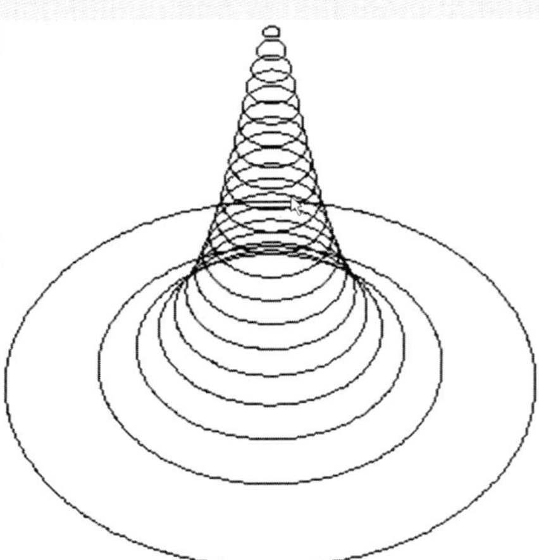

Abb. 11: Räumliche Darstellung der Höhenlinien der Funktion f

Nun wird der Gradient von $f(x,y)$ bestimmt, indem die Funktion partiell nach x und y abgeleitet wird. Das Ergebnis (es wird fg genannt) ist eine vektorielle Funktion (ein Vektorfeld). In jedem beliebigen Punkt zeigt der Vektor des Gradientenfeldes jeweils in die Richtung der größten Funktionszunahme von $f(x,y)$, er steht senkrecht auf den Niveauflächen der Funktion.

> *fg* := Gradient(*f*, [*x*, *y*]);

Ausgabe von Maple:

$$fg := -\frac{2x}{\left(1+x^2+y^2\right)^2}\overline{e}_x - \frac{2y}{\left(1+x^2+y^2\right)^2}\overline{e}_y$$

Da der Gradient ein Vektor ist, besitzt er einen Betrag und eine Richtung. Dies kann mit Hilfe von Pfeilen dargestellt werden, wobei die Pfeillänge (oder Pfeildicke) dem Betrag entspricht. Das Vektorfeld wird als zweidimensionale Funktion gezeichnet.

> *p4*:= gradplot(*f*, *x* = –2..2, *y* = –2..2, arrows = thick, grid = [10, 10]):

> display(*p4*);

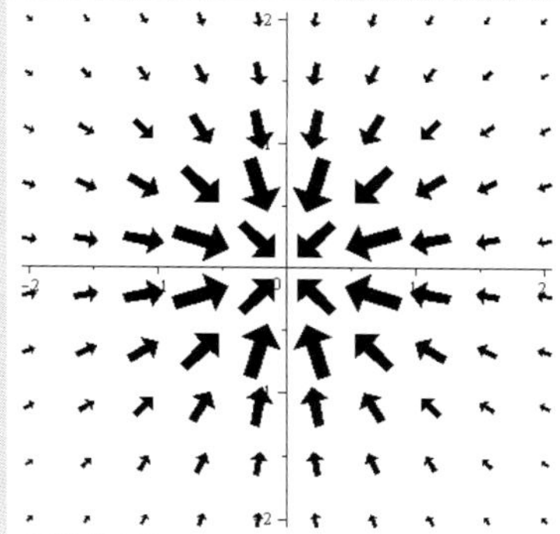

Abb. 12: Gradient der Funktion f

Die Höhenlinien und der Gradient der Funktion *f* können gemeinsam in einem Plot abgebildet werden.

> display(*p3*, *p4*);

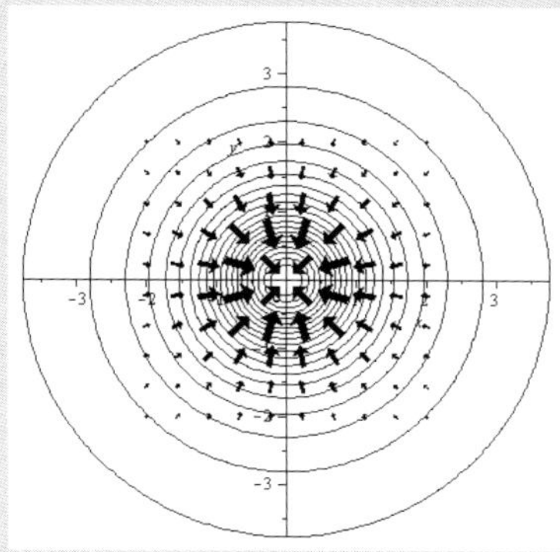

Abb. 13: Höhenlinien und Gradient der Funktion f

Aus obigem Plot erkennt man, dass die Vektorpfeile senkrecht zu den Höhenlinien stehen. Die Größe der Pfeile und damit der Betrag des Gradienten ist ein Maß für die Änderung des Funktionswertes senkrecht zu den Höhenlinien. Sind die Höhenlinien eng beisammen bzw. ist die Steigung der Funktion an diesem Ort groß, so ist der Betrag des Gradienten ebenfalls groß und die Vektorpfeile werden dicker dargestellt.

Mit Maple kann die Potenzialfunktion eines Gradientenfeldes leicht ermittelt werden. Wir nehmen als Definition eines Vektorfeldes die Komponentenfunktionen des oben ermittelten Gradientenfeldes fg der Funktion $f(x,y)$.

$$> V := \text{VectorField}\left(\left\langle -\frac{2x}{\left(1+x^2+y^2\right)^2}, -\frac{2y}{\left(1+x^2+y^2\right)^2}\right\rangle\right);$$

Ausgabe von Maple $V := -\frac{2x}{\left(1+x^2+y^2\right)^2}\overline{e}_x - \frac{2y}{\left(1+x^2+y^2\right)^2}\overline{e}_y$

Es folgt der Befehl zur Bestimmung der Potenzialfunktion:

$> \text{ScalarPotential}(V);$

Ausgabe von Maple:

$$\frac{1}{1+x^2+y^2}$$

Dies ist aber genau die Funktion $f(x,y)$, von der wir zu Beginn dieses Beispiels ausgegangen sind. Existiert keine Potenzialfunktion zu einem Vektorfeld, so gibt Maple nichts aus.

Beispiel 39

Ist $\vec{F}(x,y,z) = \begin{pmatrix} x+yz \\ -y+xz \\ xy \end{pmatrix}$ ein Gradientenfeld? Falls ja, wie lautet das zugehörige Potenzial?

Lösung:

Es werden die Integrabilitätsbedingungen nach Gl. (2.5) überprüft.

$$F_1 = x + yz; \ \frac{\partial F_1}{\partial y} = z; \ \frac{\partial F_1}{\partial z} = y$$

$$F_2 = -y + xz;\ \frac{\partial F_2}{\partial x} = z;\ \frac{\partial F_2}{\partial z} = x$$

$$F_3 = xy;\ \frac{\partial F_3}{\partial x} = y;\ \frac{\partial F_3}{\partial y} = x$$

Somit gilt:

$$\frac{\partial F_1}{\partial y} = \frac{\partial F_2}{\partial x} = z$$

$$\frac{\partial F_1}{\partial z} = \frac{\partial F_3}{\partial x} = y$$

$$\frac{\partial F_2}{\partial z} = \frac{\partial F_3}{\partial y} = x$$

Die notwendige Bedingung, dass $\vec{F}(x,y,z)$ ein Potenzialfeld ist, ist erfüllt.

Nun wird durch unbestimmte Integration die Funktion $f(x,y,z)$ gesucht, die gleichzeitig (!) bezüglich der Variablen x Stammfunktion von F_1, bezüglich der Variablen y Stammfunktion von F_2 und bezüglich der Variablen z Stammfunktion von F_3 ist.

$$f = \int (x + yz)\,dx + C_1(y,z) = \frac{x^2}{2} + xyz + C_1(y,z)$$

$$f = \int (-y + xz)\,dy + C_2(x,z) = -\frac{y^2}{2} + xyz + C_2(x,z)$$

$$f = \int (xy)\,dz + C_3(x,y) = xyz + C_3(x,y)$$

Das Potenzial von $\vec{F}(x,y,z)$ ist:

$$\underline{\underline{f(x,y,z) = \frac{x^2}{2} - \frac{y^2}{2} + xyz + \text{const.}}}$$

Nun wird mit Maple mit dem Befehl *ScalarPotential* aus dem *VectorCalculus*-Paket überprüft, ob das Vektorfeld $\vec{F}(x,y,z)$ eine Potenzialfunktion besitzt.

```
> restart; with(Student[VectorCalculus]):
> v := VectorField(x + y·z, −y + x·z, x·y);
```

Ausgabe von Maple:

$$v := (x + yz)\overline{e}_x + (-y + xz)\overline{e}_y + (xy)\overline{e}_z$$

```
> ScalarPotential(v);
```

Maple gibt die Potenzialfunktion aus (Ergebnis wie bei obiger Integration):

$$\underline{\underline{\frac{1}{2}x^2 + yzx - \frac{1}{2}y^2}}$$

Beispiel 40

Es folgt ein Beispiel zur Ermittlung der Potenzialfunktion mit Maple.

> with(Student[VectorCalculus]):

> $v := \text{VectorField}\left(< 2\cdot x + y,\ x + 2\cdot y\cdot z,\ y^2 + 2\cdot z >\right);$

> ScalarPotential(v);

Maple gibt die Potenzialfunktion aus:

$x^2 + yx + y^2 z + z^2$

2.5.3.2 Rotation

Dass ein Vektorfeld ein Potenzialfeld ist, kann auch mit der so genannten **Rotation** nachgewiesen werden. Die Rotation (Abkürzung „rot“) eines Vektorfeldes ist definiert als Kreuzprodukt des Nabla-Operators mit dem Vektorfeld.

Gegeben ist das Vektorfeld $\vec{F}(x,y,z) = \begin{pmatrix} u(x,y,z) \\ v(x,y,z) \\ w(x,y,z) \end{pmatrix}$.

Die Rotation von $\vec{F}(x,y,z)$ ist:

$$\operatorname{rot}\left(\vec{F}\right) = \operatorname{rot}\begin{pmatrix} u(x,y,z) \\ v(x,y,z) \\ w(x,y,z) \end{pmatrix} = \nabla \times \vec{F} = \begin{pmatrix} \dfrac{\partial}{\partial x} \\ \dfrac{\partial}{\partial y} \\ \dfrac{\partial}{\partial z} \end{pmatrix} \times \begin{pmatrix} u \\ v \\ w \end{pmatrix} = \begin{pmatrix} \dfrac{\partial w}{\partial y} - \dfrac{\partial v}{\partial z} \\ \dfrac{\partial u}{\partial z} - \dfrac{\partial w}{\partial x} \\ \dfrac{\partial v}{\partial x} - \dfrac{\partial u}{\partial y} \end{pmatrix} = \begin{pmatrix} w_y - v_z \\ u_z - w_x \\ v_x - u_y \end{pmatrix} \tag{2.8}$$

$\vec{F}(x,y,z)$ ist ein Potenzialfeld (konservatives Feld, Gradientenfeld), wenn gilt:

$$\operatorname{rot}\left(\vec{F}\right) = \vec{0} \tag{2.9}$$

Ein solches Vektorfeld wird als **wirbelfrei** bezeichnet.

Wirbelfreie Vektorfelder sind in der Physik:

- Homogene Vektorfelder (z. B. elektrisches Feld in einem Plattenkondensator)
- Zentralfelder (z. B. elektrisches Feld einer Punktladung)
- Zylinderfeld (z. B. elektrisches Feld in der Umgebung eines geladenen Zylinders)

$\operatorname{rot}\left(\vec{F}\right) = \vec{0}$ ist äquivalent zur Integrabilitätsbedingung Gl. (2.5).

Die Rotation eines Vektorfeldes ist wieder ein Vektorfeld, welches als Wirbelfeld des ursprünglichen Vektorfeldes bezeichnet wird.

Beispiel 41

Mit Hilfe der Rotation ist zu prüfen, ob das auf ganz $\mathbb{R}^3$ definierte Vektorfeld

$\vec{F}(x,y,z) = \begin{pmatrix} x+yz \\ -y+xz \\ xy \end{pmatrix}$ ein Gradientenfeld ist.

Lösung:

$$\operatorname{rot}\left(\vec{F}\right) = \begin{pmatrix} \frac{\partial}{\partial y}xy - \frac{\partial}{\partial z}(-y+xz) \\ \frac{\partial}{\partial z}(x+yz) - \frac{\partial}{\partial x}xy \\ \frac{\partial}{\partial x}(-y+xz) - \frac{\partial}{\partial y}(x+yz) \end{pmatrix} = \begin{pmatrix} x-x \\ y-y \\ z-z \end{pmatrix} = \underline{\underline{\begin{pmatrix} 0 \\ 0 \\ 0 \end{pmatrix}}}$$

Die Rotation von $\vec{F}(x,y,z)$ verschwindet, es liegt ein Gradientenfeld vor.

Beispiel 42

Gegeben ist das auf ganz $\mathbb{R}^3$ definierte Vektorfeld $\vec{F}(x,y,z) = \begin{pmatrix} z+y \\ x+z \\ y+x \end{pmatrix}$.

Zeigen Sie, dass das Vektorfeld Potenzialfunktionen besitzt, berechnen Sie eine Potenzialfunktion Φ.

Lösung:

Ein auf ganz $\mathbb{R}^3$ definiertes Vektorfeld besitzt Potenzialfunktionen, wenn die Rotation null ist, d. h. $\operatorname{rot}\left(\vec{F}\right) = \nabla \times \vec{F} = \vec{0}$.

$$\operatorname{rot}\left(\vec{F}\right) = \begin{pmatrix} 1-1 \\ 1-1 \\ 1-1 \end{pmatrix} = \vec{0}$$

Ist Φ eine Potenzialfunktion, so muss $\vec{F} = \operatorname{grad}(\Phi) = \nabla\Phi$ gelten.

$$f(x,y,z) = \int (z+y)\,dx + C_1(y,z) = xz + xy + C_1(y,z)$$

$$f(x,y,z) = \int (x+z)\,dy + C_2(x,z) = xy + zy + C_2(x,z)$$

$$f(x,y,z) = \int (y+x)\,dz + C_3(x,y) = yz + xz + C_3(x,y)$$

$\Phi(x,y,z) = xz + xy + yz$ ist eine Potenzialfunktion von $\vec{F}$.

Physikalisch beschreibt die Rotation (sie wird auch als Wirbeldichte bezeichnet) die Wirbeleigenschaften eines Vektorfeldes. Die Rotation gibt die Wirbelrichtung an, der Betrag der Rotation ist ein Maß für die Wirbelstärke.

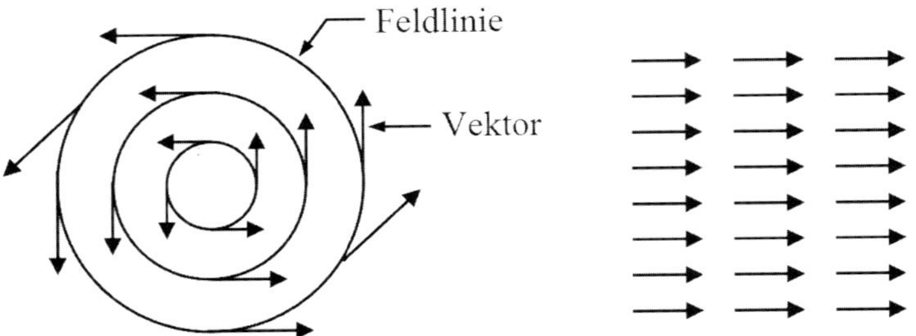

Abb. 14: Vektorfeld mit Wirbel (links) und ohne Wirbel (rechts)

Eine Rotation ist eine Drehung um eine Achse, die senkrecht auf der Rotationsebene steht. Es gilt die „Rechte-Hand-Regel“: Zeigt der Daumen der rechten Hand in die positive Richtung der Drehachse, dann zeigen die gekrümmten Finger in die positive Drehrichtung. Das Feld „wirbelt“ um die Drehachse herum. Beispiele für Rotationen sind: Kreisel, Rad, Wirbel im Wasser, Wolkenwirbel von Hoch- und Tiefdruckgebieten, magnetische Felder.

Eine Flüssigkeit, in der ein Wirbel vorhanden ist, kann zur anschaulichen Interpretation der Rotation dienen, wobei die Rotation die lokale Wirbelstärke angibt. Als Rotationsebene wird die xy-Ebene festgelegt. Die Rotation erfolgt im Koordinatenursprung um die z-Achse. Wird der Wirbel von oben betrachtet (aus Richtung der positiven z-Achse), so sind die Feldlinien des zugehörigen Geschwindigkeitsfeldes konzentrische Kreise um den Ursprung.

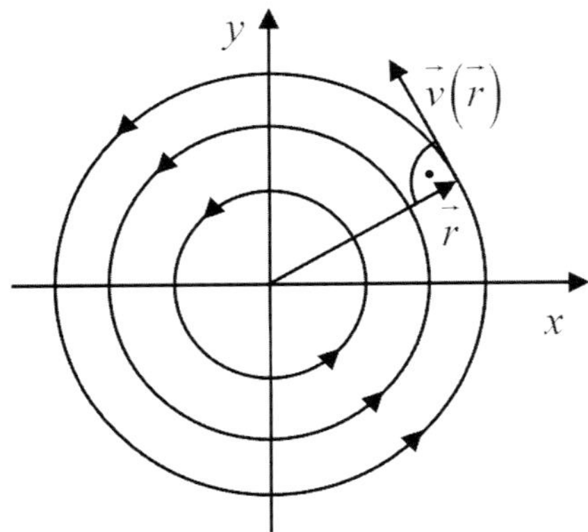

Abb. 15: Geschwindigkeitsfeld $\vec{v} = \vec{\omega} \times \vec{r}$ einer rotierenden Flüssigkeit

Am Ort $\vec{r}$ ist die Geschwindigkeit der Flüssigkeit

$$\boxed{\vec{v}\left(\vec{r}\right) = \vec{\omega} \times \vec{r}} \tag{2.10}$$

Dabei ist $\vec{\omega}$ ein Winkelgeschwindigkeitsvektor mit dem Betrag ω, der im Ursprung der xy-Ebene senkrecht auf der Zeichenebene steht und in positive z-Richtung nach oben zum Betrachter hin zeigt. Unabhängig von der Entfernung vom Mittelpunkt des Wirbels bewegt sich die Flüssigkeit mit derselben Winkelgeschwindigkeit ω um den Ursprung. Es handelt sich um einen *homogenen Wirbel* mit der Drehachse durch den Ursprung. Je größer ω ist, desto schneller dreht sich der Wirbel, umso stärker ist er.

Die Rotation dieses Strömungsfeldes ist gegeben durch

$$\boxed{\operatorname{rot}\left(\vec{v}\left(\vec{r}\right)\right) = \nabla \times \vec{v}\left(\vec{r}\right) = \nabla \times \left(\vec{\omega} \times \vec{r}\right)} \tag{2.11}$$

Mit der z-Achse in Richtung $\vec{\omega}$ folgt:

$$\boxed{\vec{\omega} \times \vec{r} = \begin{pmatrix} 0 \\ 0 \\ \omega \end{pmatrix} \times \begin{pmatrix} x \\ y \\ z \end{pmatrix} = \begin{pmatrix} -\omega y \\ \omega x \\ 0 \end{pmatrix}} \tag{2.12}$$

$$\boxed{\operatorname{rot}\left(\vec{v}\left(\vec{r}\right)\right) = \nabla \times \begin{pmatrix} -\omega y \\ \omega x \\ 0 \end{pmatrix} = \begin{pmatrix} \dfrac{\partial}{\partial x} \\ \dfrac{\partial}{\partial y} \\ \dfrac{\partial}{\partial z} \end{pmatrix} \times \begin{pmatrix} -\omega y \\ \omega x \\ 0 \end{pmatrix} = \begin{pmatrix} \dfrac{\partial}{\partial z}(-\omega x) \\ \dfrac{\partial}{\partial z}(-\omega y) \\ \dfrac{\partial}{\partial x}(\omega x) - \dfrac{\partial}{\partial y}(-\omega y) \end{pmatrix} = \begin{pmatrix} 0 \\ 0 \\ 2\omega \end{pmatrix}} \tag{2.13}$$

Die Rotation dieses speziellen Strömungsfeldes ist somit gleich dem doppelten Winkelgeschwindigkeitsvektor $\vec{\omega}$.

$$\boxed{\operatorname{rot}\left(\vec{v}\left(\vec{r}\right)\right) = 2\vec{\omega}} \tag{2.14}$$

Die Rotation von $\vec{v}\left(\vec{r}\right)$ kann also sowohl nach Richtung als auch nach Größe als eine lokale Wirbelstärke aufgefasst werden. Die Rotation eines Vektorfeldes ist proportional zur Winkelgeschwindigkeit einer Drehung. $\operatorname{rot}\left(\vec{v}\left(\vec{r}\right)\right)$ wird auch als Wirbelfeld von $\vec{v}\left(\vec{r}\right)$ bezeichnet. Ein Feld, in dem die **Feldlinien in sich geschlossen** sind, ist ein **Wirbelfeld**. Das magnetische Feld ist ein Wirbelfeld. Es gibt keine magnetischen Ladungen, von denen magnetische Feldlinien ausgehen.

In dem soeben behandelten Beispiel ist die Rotation konstant, im Allgemeinen ändert sie sich von Ort zu Ort.

Zur Wiederholung: Die Rotation beschreibt die Wirbel in einem Vektorfeld. Die Richtung von $\mathrm{rot}(\vec{v})$ entspricht der Drehachse, der Betrag von $\mathrm{rot}(\vec{v})$ gibt die Drehgeschwindigkeit an und das Vorzeichen von $\mathrm{rot}(\vec{v})$ steht für den Drehsinn (links- oder rechtsdrehend).

Beispiel 43

Gegeben sind folgende Vektorfelder:

a) $\vec{F}(x,y)=\begin{pmatrix} x \\ y \end{pmatrix}$, b) $\vec{F}(x,y)=\begin{pmatrix} y \\ -x \end{pmatrix}$, c) $\vec{F}(x,y)=\begin{pmatrix} -y \\ 0 \end{pmatrix}$

Stellen Sie die Vektorfelder grafisch dar und bestimmen Sie jeweils die Rotation.

Lösung:

a) 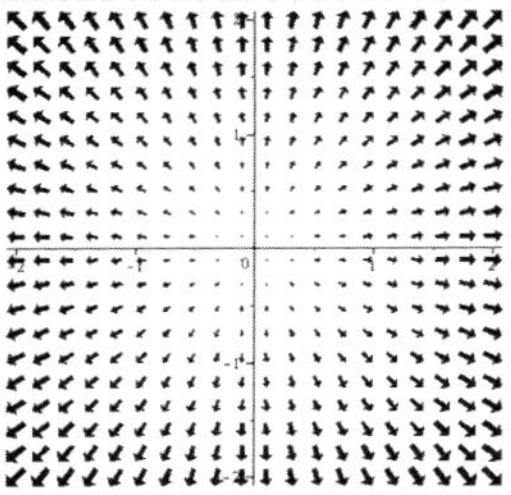 b) 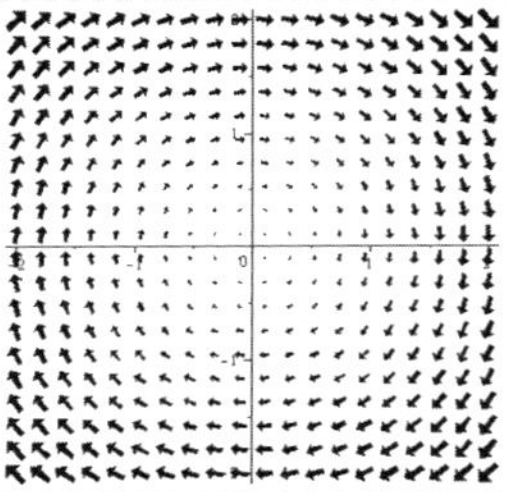 c)

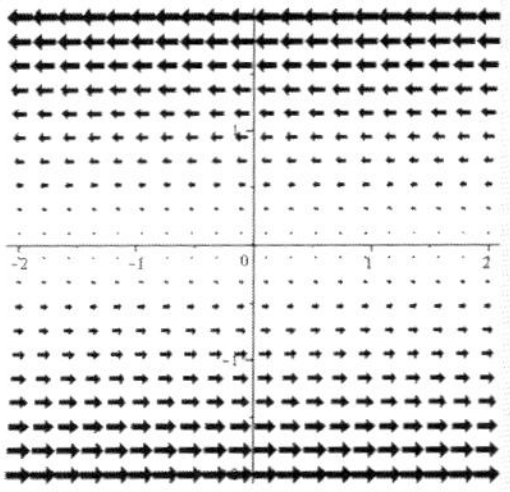

$$\text{a) } \mathrm{rot}(\vec{F})=\begin{pmatrix} \frac{\partial}{\partial x} \\ \frac{\partial}{\partial y} \\ \frac{\partial}{\partial z} \end{pmatrix}\times\begin{pmatrix} x \\ y \\ 0 \end{pmatrix}=\begin{pmatrix} \frac{\partial}{\partial y}0-\frac{\partial}{\partial z}y \\ \frac{\partial}{\partial z}x-\frac{\partial}{\partial x}0 \\ \frac{\partial}{\partial x}y-\frac{\partial}{\partial y}x \end{pmatrix}=\begin{pmatrix} 0-0 \\ 0-0 \\ 0-0 \end{pmatrix}=\vec{0}$$

$$\text{b) } \mathrm{rot}(\vec{F})=\begin{pmatrix} \frac{\partial}{\partial x} \\ \frac{\partial}{\partial y} \\ \frac{\partial}{\partial z} \end{pmatrix}\times\begin{pmatrix} y \\ -x \\ 0 \end{pmatrix}=\begin{pmatrix} \frac{\partial}{\partial y}0-\frac{\partial}{\partial z}(-x) \\ \frac{\partial}{\partial z}y-\frac{\partial}{\partial x}0 \\ \frac{\partial}{\partial x}(-x)-\frac{\partial}{\partial y}y \end{pmatrix}=\begin{pmatrix} 0-0 \\ 0-0 \\ -1-1 \end{pmatrix}=\begin{pmatrix} 0 \\ 0 \\ -2 \end{pmatrix}$$

c) $$\operatorname{rot}\left(\vec{F}\right)=\begin{pmatrix}\frac{\partial}{\partial x}\\ \frac{\partial}{\partial y}\\ \frac{\partial}{\partial z}\end{pmatrix}\times\begin{pmatrix}-y\\ 0\\ 0\end{pmatrix}=\begin{pmatrix}\frac{\partial}{\partial y}0-\frac{\partial}{\partial z}0\\ \frac{\partial}{\partial z}(-y)-\frac{\partial}{\partial x}0\\ \frac{\partial}{\partial x}0-\frac{\partial}{\partial y}(-y)\end{pmatrix}=\begin{pmatrix}0-0\\ 0-0\\ 0-(-1)\end{pmatrix}=\begin{pmatrix}0\\ 0\\ 1\end{pmatrix}$$

Beispiel 44

Gegeben ist das Vektorfeld $\vec{F}=\begin{pmatrix}\frac{y}{x^2+y^2}\\ \frac{x}{x^2+y^2}\\ 0\end{pmatrix}$. Bestimmen Sie die Rotation.

Lösung:

b) $$\operatorname{rot}\left(\vec{F}\right)=\begin{pmatrix}\frac{\partial}{\partial x}\\ \frac{\partial}{\partial y}\\ \frac{\partial}{\partial z}\end{pmatrix}\times\begin{pmatrix}\frac{y}{x^2+y^2}\\ \frac{x}{x^2+y^2}\\ 0\end{pmatrix}=\begin{pmatrix}\frac{\partial}{\partial y}0-\frac{\partial}{\partial z}\frac{x}{x^2+y^2}\\ \frac{\partial}{\partial z}\frac{y}{x^2+y^2}-\frac{\partial}{\partial x}0\\ \frac{\partial}{\partial x}\frac{x}{x^2+y^2}-\frac{\partial}{\partial y}\frac{y}{x^2+y^2}\end{pmatrix}=\begin{pmatrix}0-0\\ 0-0\\ a-b\end{pmatrix}$$

$$a=\frac{1\cdot\left(x^2+y^2\right)-x\cdot 2x}{\left(x^2+y^2\right)^2};\ b=\frac{1\cdot\left(x^2+y^2\right)-y\cdot 2y}{\left(x^2+y^2\right)};\ a-b=\frac{-2x^2+2y^2}{\left(x^2+y^2\right)^2}$$

2.5.3.3 Divergenz

Der Begriff „Gradient" wurde hier zur Beschreibung eines speziellen Vektorfeldes, des Potenzialfeldes eingeführt. Der Gradient ist als Vektorfeld die Ableitung einer Skalarfunktion (der Potenzialfunktion, des Potenzials), seine Vektoren zeigen in die Richtung der größten Änderung dieses Skalarfeldes, der Betrag der Vektoren gibt die Stärke der Änderung an.

Zusätzlich zum Nachweis der Potenzialfeld-Eigenschaft kann mit der „Rotation" eine weitere Eigenschaft eines Vektorfeldes beschrieben werden. Ist die Rotation verschieden von null, so gibt es in einem Vektorfeld (z. B. in dem Strömungsfeld einer Flüssigkeit) einen Wirbel. Somit existieren Feldlinien, die in sich geschlossen sind, also keinen unterschiedlichen Anfangs- und Endpunkt haben. Die Rotation gibt die lokale Wirbelstärke nach Größe und Richtung an.

Ein weiteres Charakteristikum eines Vektorfeldes ist das Vorhandensein von **Quellen** und **Senken**. Die Dichte der Quellen (die lokale Quellstärke) in einem Vektorfeld wird durch die so genannte **Divergenz** an jedem beliebigen Koordinatenpunkt angegeben.

Die Divergenz (Abkürzung „div") eines Vektorfeldes ist definiert als Punktprodukt (Skalarprodukt) des Nabla-Operators mit dem Vektorfeld.

Gegeben ist das Vektorfeld $\vec{F}(x,y,z)=\begin{pmatrix} u(x,y,z) \\ v(x,y,z) \\ w(x,y,z) \end{pmatrix}$.

Die Divergenz von $\vec{F}(x,y,z)$ ist:

$$\operatorname{div}\left(\vec{F}\right)=\operatorname{div}\begin{pmatrix} u(x,y,z) \\ v(x,y,z) \\ w(x,y,z) \end{pmatrix}=\nabla\bullet\vec{F}=\begin{pmatrix} \dfrac{\partial}{\partial x} \\ \dfrac{\partial}{\partial y} \\ \dfrac{\partial}{\partial z} \end{pmatrix}\bullet\begin{pmatrix} u \\ v \\ w \end{pmatrix}=\frac{\partial u}{\partial x}+\frac{\partial v}{\partial y}+\frac{\partial w}{\partial z} \tag{2.15}$$

Die Divergenz ist die Ableitung eines Vektorfeldes. Die Divergenz eines Vektorfeldes ist ein Skalarfeld. Im Gegensatz dazu macht der Gradient aus einem Skalarfeld ein Vektorfeld.

Die Divergenz ist eine lokale Größe, die sich von einem Punkt zum anderen verändern kann. Ein Vektorfeld ist ein Strömungsfeld. Am Beispiel des Geschwindigkeitsfeldes einer Flüssigkeit kann veranschaulicht werden, welchen Vorteil wir haben, wenn die Divergenz eines Vektorfeldes bekannt ist. Aus der Divergenz ergibt sich eine Vorstellung von der Bewegung der Flüssigkeit. Ist die Divergenz in einem Punkt P negativ, so bewegt sich die Flüssigkeit zum Punkt P hin, ist sie positiv, so strömt sie von diesem Punkt weg.

Das Skalarprodukt aus Nabla-Operator und Feldvektor beschreibt als Ableitung die Änderung in der Strömung, d. h. die Existenz einer Quelle oder einer Senke im Vektorfeld.

$\operatorname{div}\left(\vec{F}\right)$ wird als „Quelldichte" oder „Quellstärke pro Volumenelement" bezeichnet. Dabei gilt in Analogie zum Geschwindigkeitsfeld einer strömenden Flüssigkeit:

- $\operatorname{div}(\vec{F}) > 0$: Im Volumenelement befindet sich eine „Quelle“. Es fließt mehr Flüssigkeit aus dem Volumen dV heraus als hinein. Der Überschuss der austretenden über die eintretende Flüssigkeit wird Ergiebigkeit der Quelle oder Quellergiebigkeit genannt.
- $\operatorname{div}(\vec{F}) < 0$: Im Volumenelement befindet sich eine „Senke“. Es fließt mehr Flüssigkeit in das Volumen dV hinein als aus dem Volumen dV heraus.
- $\operatorname{div}(\vec{F}) = 0$: Das Volumenelement ist „quellenfrei“. Zufluss und Abfluss sind genau gleich groß.

Die Divergenz beschreibt also die Existenz von Quellen in einem Vektorfeld. Bezogen auf die grafische Darstellung eines Vektorfeldes mit Feldlinien bedeutet die Divergenz: Ein Vektorfeld besitzt keine Quellen, wenn in einem abgeschlossenen Volumen ΔV genauso viele Feldlinien austreten wie eintreten. Ist in einem abgeschlossenen Volumen die Anzahl der austretenden Feldlinien größer als die Anzahl der eintretenden Feldlinien, so befindet sich in dem betrachteten Volumen eine Quelle. Der Fluss durch eine geschlossene Fläche gibt somit Auskunft, ob das Vektorfeld innerhalb des umhüllten Gebietes Quellen oder Senken besitzt oder nicht.

Die Divergenz eines homogenen Vektorfeldes (siehe 2.5.4) ist null. Ist die Divergenz an einer Stelle von null verschieden, so ändert sich die Dichte der Feldlinien an dieser Stelle.

Ein Beispiel für ein quellenfreies Feld ist ein Raumgebiet des elektrischen Feldes in einem Plattenkondensator. Auch das Magnetfeld in der Umgebung eines Strom durchflossenen geraden Leiters mit seinen in sich geschlossenen Feldlinien (Wirbelfeld) ist ein quellenfreies Feld.

Ein Feld, in dem die Feldlinien auf Quellen beginnen und auf Senken enden, ist dagegen ein Quellenfeld. Elektrische Feldlinien beginnen auf positiven und enden auf negativen Ladungen. Das elektrostatische Feld zwischen zwei Ladungen oder einer Punktladung mit einer weit entfernten Gegenladung ist z. B. ein Quellenfeld.

Beispiel 45
Das Vektorfeld

$$\vec{F}(x,y,z) = \begin{pmatrix} x \\ y \\ z \end{pmatrix} \text{ hat die Divergenz } \operatorname{div}(\vec{F}) = \frac{\partial x}{\partial x} + \frac{\partial y}{\partial y} + \frac{\partial z}{\partial z} = \underline{\underline{3}}$$

Beispiel 46
Die Divergenz des Vektorfeldes

$$\vec{F}(x,y,z)=\begin{pmatrix} x^2y \\ zxy \\ x^2+y^2 \end{pmatrix} \text{ ist}$$

$$\operatorname{div}(\vec{F})=\nabla \bullet \vec{F}=\frac{\partial(x^2y)}{\partial x}+\frac{\partial(zxy)}{\partial y}+\frac{\partial(x^2+y^2)}{\partial z}=2xy+zx=\underline{\underline{x\cdot(2y+z)}}$$

Beispiel 47
Wie lautet die Divergenz des Vektorfeldes

$\vec{F}(x,y,z)=\begin{pmatrix} xy \\ xz \\ x^2yz^2 \end{pmatrix}$ im Punkt $P(1,2,3)$?

$\operatorname{div}(\vec{F})=y+2x^2yz$. Im Punkt $P(1,2,3)$: $\operatorname{div}(\vec{F}(1,2,3))=2+2\cdot 1\cdot 2\cdot 3=\underline{\underline{14}}$

Beispiel 48
Das Vektorfeld von Beispiel 43 b ist quellenfrei.

Beispiel 49
Das Vektorfeld von Beispiel 43 a hat eine Quelle im Ursprung $(0,0)$, die das Vektorfeld „produziert".

Beispiel 50
Das Vektorfeld $\vec{F}(x,y)=\begin{pmatrix} -x \\ -y \end{pmatrix}$ hat eine Senke im Ursprung $(0,0)$.
Die Divergenz ist –2.

2.5.3.4 Vektorpotenzial, Eichung

Es kann gezeigt werden, dass das quellenfreie Vektorfeld $\vec{F}$ als die Rotation eines anderen Vektorfeldes $\vec{A}$ dargestellt werden kann.

$$\boxed{\operatorname{div}(\vec{F})=0 \;\Rightarrow\; \vec{F}=\nabla\times\vec{A}} \qquad (2.16)$$

$\vec{A}$ wird als **Vektorpotenzial** des Feldes $\vec{F}$ bezeichnet. Das Vektorpotenzial ist nur bis auf den Gradienten eines Skalarfeldes bestimmt, da $\vec{A}'=\vec{A}+\nabla\varphi$ (eine *Eichtransformation*) die gleiche Rotation hat wie $\vec{A}$ (wegen $\nabla\times(\nabla\varphi)=0$).

$$\nabla \times \vec{A} = \nabla \times \left(\vec{A} + \operatorname{grad} \varphi \right) \tag{2.17}$$

Der Gradient $\operatorname{grad} \varphi$ ist die so genannte **Eichung** von $\vec{A}$. Die Eichung trägt nicht zum Wirbelfeld bei und kann deshalb zur Erfüllung von Nebenbedingungen benutzt werden.

Die Festlegung

$$\operatorname{div}\left(\vec{A}\right) = 0 \tag{2.18}$$

wird als *Coulomb-Eichung* bezeichnet.

2.5.3.5 Rechenregeln für grad, rot, div

Gradient, Rotation und Divergenz sind Begriffe aus dem mathematischen Gebiet der Vektoranalysis. In der Vektoranalysis fasst man Vektoren als Funktionen von Veränderlichen auf (die Komponenten eines Vektors sind von Variablen abhängig) und wendet die Methoden der Differenzial- und Integralrechnung an.

Die Operationen grad, div und rot sind linear. Für die Rechenregeln dieser Operationen (also des Nabla-Operators) gelten i. Allg. die Regeln der Vektorrechnung kombiniert mit den Regeln der Ableitung.

Im Folgenden ist $\vec{V}$ ein Vektorfeld (eine vektorielle Funktion), f ist ein Skalarfeld (eine skalare Funktion), $\vec{a}$ ist ein konstanter Vektor und c ist eine Konstante.

Rechenregeln für den Gradienten

$$\nabla(c) = 0 \tag{2.19}$$

$$\nabla(c \cdot f) = c \cdot \nabla(f) \tag{2.20}$$

$$\nabla(f + c) = \nabla(f) \tag{2.21}$$

$$\nabla(f_1 + f_2) = \nabla(f_1) + \nabla(f_2) \tag{2.22}$$

$$\nabla(f_1 \cdot f_2) = f_1 \cdot \nabla(f_2) + f_2 \cdot \nabla(f_1) \tag{2.23}$$

Rechenregeln für die Rotation

$$\nabla \times \vec{a} = 0 \tag{2.24}$$

$$\nabla \times \left(c \cdot \vec{V}\right) = c \cdot \left(\nabla \times \vec{V}\right) \tag{2.25}$$

$$\nabla \times \left(\vec{V} + \vec{a}\right) = \nabla \times \vec{V} \tag{2.26}$$

$$\nabla \times \left(\vec{V}_1 + \vec{V}_2\right) = \nabla \times \vec{V}_1 + \nabla \times \vec{V}_2 \tag{2.27}$$

$$\nabla \times \left(f \cdot \vec{V}\right) = f \cdot \left(\nabla \times \vec{V}\right) + \left(\nabla(f)\right) \times \vec{V} \tag{2.28}$$

Rechenregeln für die Divergenz

$$\nabla \bullet \vec{a} = 0 \tag{2.29}$$

$$\nabla \bullet \left(c \cdot \vec{V}\right) = c \cdot \nabla \bullet \vec{V} \tag{2.30}$$

$$\nabla \bullet \left(\vec{V}_1 + \vec{V}_2\right) = \nabla \bullet \vec{V}_1 + \nabla \bullet \vec{V}_2 \tag{2.31}$$

$$\nabla \bullet \left(f \cdot \vec{V}\right) = f \cdot \nabla \bullet \vec{V} + \vec{V} \cdot \nabla(f) \tag{2.32}$$

$$\nabla \bullet \left(\vec{V}_1 \times \vec{V}_2\right) = \vec{V}_2 \cdot \left(\nabla \times \vec{V}_1\right) - \vec{V}_1 \cdot \left(\nabla \times \vec{V}_2\right) \tag{2.33}$$

Im Besonderen gilt:

$\mathrm{rot}\left(\mathrm{grad}(f)\right) = \nabla \times \left(\nabla(f)\right) = 0$ **Jedes Gradientenfeld ist wirbelfrei.** (2.34)

$\mathrm{div}\left(\mathrm{rot}\left(\vec{V}\right)\right) = \nabla \bullet \left(\nabla \times \vec{V}\right) = 0$ **Jedes Wirbelfeld ist quellenfrei.** (2.35)

$$\mathrm{div}\left(\mathrm{grad}(f)\right) = \nabla\left(\nabla(f)\right) = \Delta f \tag{2.36}$$

Die zweifache Ableitung $\mathrm{div}\left(\mathrm{grad}(f)\right) = \Delta f$ ist der Laplace-Operator.

$$\Delta f = \nabla\left(\nabla(f)\right) = \frac{\partial^2 f}{\partial x^2} + \frac{\partial^2 f}{\partial y^2} + \frac{\partial^2 f}{\partial z^2} \tag{2.37}$$

2.5.4 Weitere Arten physikalischer Felder

- **Homogenes Vektorfeld**
  In einem homogenen Feld sind alle Feldvektoren in allen Punkten des Raumes parallel und gleich groß, Richtung und Betrag sind konstant. Homogene Felder sind durch *äquidistante* und *parallele Feldlinien* gekennzeichnet.

- **Inhomogenes Vektorfeld**
  In einem inhomogenen Feld ändert sich der Betrag und/oder die Richtung. Bei inhomogenen Feldern laufen die Feldlinien *nicht* parallel.

- **Wirbelfelder**
  Sie sind durch geschlossene Feldlinien gekennzeichnet.

- **Quellenfelder**
  Sie sind durch Feldlinien gekennzeichnet, die einen unterschiedlichen Anfangs- und Endpunkt haben.

- **Stationäre Felder**
  sind Felder, die zeitunabhängig sind (eingeschwungener Zustand).
- **Instationäre Felder**
  sind zeitabhängig.
- **Kugelsymmetrische Felder (Zentralfelder)**
  Alle Vektoren liegen auf Geraden durch das Zentrum (ein fester Punkt).
- **Zylinder- oder axialsymmetrische Felder**
  sind ebene Felder in der xy-Ebene ohne Abhängigkeit von z ($z = 0$).

Zentral- und axialsymmetrische Felder heißen auch radialsymmetrische Felder, sie sind Potenzialfelder.

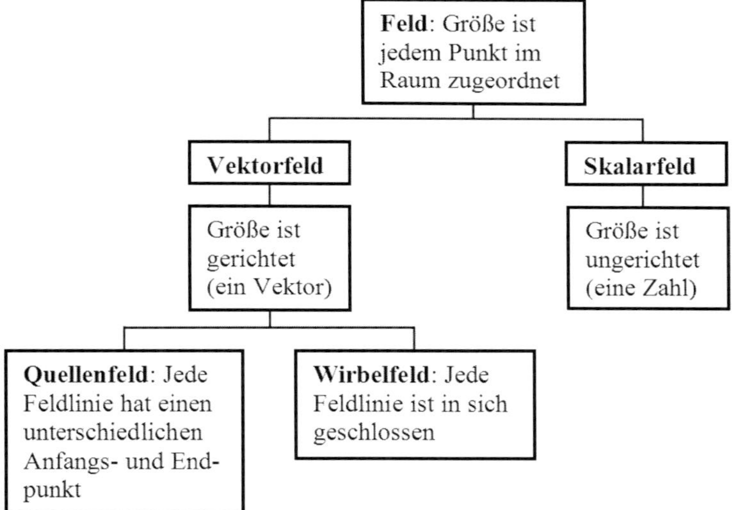

Abb. 16: Arten von physikalischen Feldern

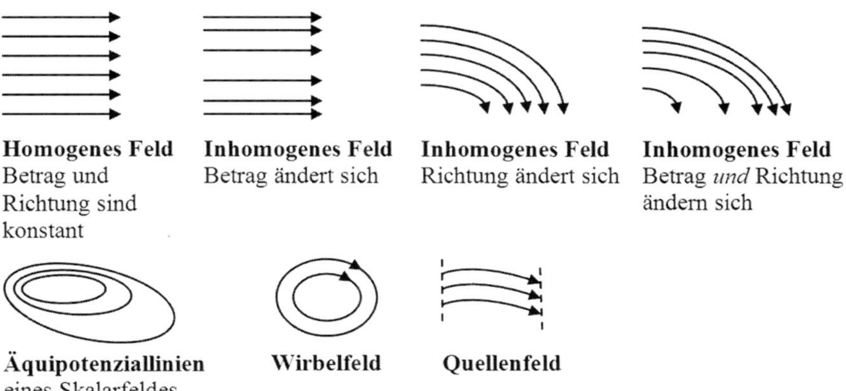

Abb. 17: Feldlinien verschiedener physikalischer Felder

2.5.5 Felder in der Elektrotechnik

Zu unterscheiden sind elektrische und magnetische Felder. Die Ursache elektrischer Felder (E-Felder) ist die elektrische Ladung. Elektrische Felder lassen sich nach dem Bewegungszustand der Ladungen einteilen.

2.5.5.1 Elektrisches Feld ruhender Ladungen, elektrostatisches Feld

Eine **ruhende** elektrische Ladung erzeugt in der nicht leitenden Umgebung (z. B. in der Nähe elektrisch aufgeladener Isolierstoffe) ein **elektrostatisches** Feld (es können auch mehrere Ladungen sein). In der Elektrostatik werden nur ruhende Ladungen betrachtet.

Ein elektrostatisches Feld ist stationär, also zeitlich unveränderlich. Es treten keine zeitlichen Änderungen der Feldgrößen auf, und es fließen **keine Ströme**. Somit wird auch kein Magnetfeld erzeugt, wie es bei zeitlich veränderlichen elektrischen Feldern der Fall ist. Das elektrostatische Feld ist ausschließlich ein elektrisches Feld, es ist **wirbelfrei**, da kein Strom fließt, der ein magnetisches Wirbelfeld hervorruft.

Ein elektrostatisches Feld ist ein Vektorfeld mit Feldrichtung und Feldstärke. Feldlinien beschreiben die Wirkungslinien der elektrischen Kräfte, sie geben die Richtung der Kraft auf eine Probeladung im Feld an. Die Feldliniendichte gibt den Betrag dieser Kraft an, die dem Betrag $\left|\vec{E}\right|$ der elektrischen Feldstärke entspricht. Die elektrische Feldstärke wird durch die Kraft $\vec{F}$ auf eine positive Probeladung Q_P nach Betrag und Richtung definiert:

$$\vec{F} = \vec{E} \cdot Q_P \tag{2.38}$$

F = Kraft in N (Newton), $1\ \mathrm{N} = 1\ \mathrm{J/m} = 1\ \mathrm{Ws/m} = 1\ \mathrm{VAs/m}$
Q_P = Ladung in C (Coulomb), $1\ \mathrm{C} = 1\ \mathrm{As}$
E = elektrische Feldstärke in $\mathrm{V/m}$ (Volt/Meter), $1\ \mathrm{N}/1\ \mathrm{C} = 1\ \mathrm{V/m}$

Feldlinien **beginnen** an **positiven** und **enden** an **negativen** Ladungen, die Kraftwirkung beginnt auf einer Ladung und endet auf einer Ladung. Die positiven Ladungen sind die Quellen und die negativen Ladungen die Senken des Feldes. **Ein elektrostatisches Feld ist ein Quellenfeld.**

Wird (gedanklich) eine elektrische Probeladung Q_P entlang einer Feldlinie (Kraftlinie) um ein kleines Wegstück ds bewegt, so ist die dabei verrichtete Arbeit:

$$dW = \vec{F} \bullet \vec{ds} = Q_P \cdot \vec{E} \bullet \vec{ds} \tag{2.39}$$

$\vec{E} \bullet \vec{ds}$ ist ein Skalarprodukt. Entlang einer Feldlinie stimmen die Richtungen der Vektoren $\vec{E}$ und $\vec{ds}$ überein, somit gilt: $\vec{E} \bullet \vec{ds} = E \cdot ds$ ($\alpha = \angle\left(\vec{E}, \vec{ds}\right) = 0$, deshalb ist $\cos(0) = 1$).

Wird eine Probeladung *nicht* entlang einer Feldlinie verschoben, sondern *senkrecht* zur Richtung des E-Feldes, so wird keine Energie umgesetzt (keine Arbeit geleistet). In diesem Fall wird das Skalarprodukt null, da es keine Kraft- bzw. Feldkomponente in Verschiebungsrichtung gibt. Alle Punkte entlang eines so gewählten Weges haben demzufolge dasselbe Potenzial. Alle Punkte mit einem identischen Potenzial bilden eine zusammenhängende Fläche im Raum, die so genannte **Äquipotenzialfläche**.

Äquipotenzialflächen haben folgende Eigenschaften:

- Es gibt unendlich viele **Äquipotenzialflächen**, sie werden alle **von den Feldlinien senkrecht durchdrungen**. Äquipotenzialflächen sind meist gekrümmte Flächen.
- **Äquipotenzialflächen** verschiedener Potenziale können sich **nicht berühren oder durchdringen**, da ein Punkt nicht gleichzeitig zwei verschiedene Potenziale aufweisen kann.
- Verlaufen Äquipotenzialflächen parallel, so ist das elektrische Feld dazwischen homogen.

Äquipotenzialflächen sind im elektrostatischen Feld Orte gleicher potenzieller Energie, sie verlaufen senkrecht zu den Feldlinien. Eine Ladungsbewegung entlang einer Äquipotenzialfläche ändert die potenzielle Energie nicht. Äquipotenziallinien schneiden die Feldlinien orthogonal. Jede Oberfläche eines Leiters (Metalloberfläche) ist eine Äquipotenzialfläche. Feldlinien beginnen oder enden daher senkrecht zu ideal leitenden Metalloberflächen, die von einem nicht oder schlecht leitendem Medium umgeben sind.

Das elektrostatische Feld wird als „**konservativ**" („erhaltend" bezogen auf die Energie) bezeichnet, es ist ein Potenzialfeld, ein Gradientenfeld und somit wirbelfrei. Ein konservatives Kraftfeld liegt vor, wenn bei der Verschiebung eines Körpers die verrichtete Arbeit nur von Anfangs- und Endpunkt des Weges abhängt, und von der Wahl des Weges dazwischen unabhängig ist. Gleichbedeutend ist die Aussage, dass auf geschlossenen Wegen keine Arbeit zu leisten oder zu gewinnen ist, die geleistete Arbeit entlang eines geschlossenen Weges somit verschwindet. Je nach Lage der Feldlinien kann zwar auf einem geschlossenen Weg auf manchen Teilstücken eine Arbeit zu leisten sein, sie wird aber auf anderen Wegstücken wieder gewonnen. Das Gravitationsfeld ist z. B. ein konservatives Kraftfeld. Das Anheben einer Masse erfordert eine Arbeit, die beim Zurückfallen in die Ausgangsposition wieder gewonnen wird. In einem konservativen Feld kann einem Punkt eine *potenzielle Energie bezüglich eines Bezugspunktes* zugeordnet werden. Alle Punkte mit gleichem Potenzial bilden eine Äquipotenzialfläche.

Bei elektrischen Leitern (z. B. bei Metallen), die sich in einem elektrischen Feld befinden, verteilen sich die Ladungen an der Oberfläche, d. h. das **Innere des Leiters ist feldfrei**. Alle Punkte des Leiters haben gleiches Potenzial, da die frei beweglichen Ladungsträger eine Potenzialdifferenz sofort ausgleichen würden. Die Form des Leiters spielt dabei keine Rolle, z. B. ist auch das Innere eines hohlen Leiters feldfrei. Eine Anwendung dieses Effektes ist der Faraday'sche Käfig zur Abschirmung hoher elektrischer Felder, z. B. beim Blitzschlag. Störende elektrische Felder können in der Elektronik durch metallische Abschirmungen von Orten, an denen sie sich negativ auswirken würden, ferngehalten werden.

Ein wichtiger Sonderfall ist das *homogene elektrostatische Feld*, bei dem Richtung und Betrag der elektrischen Feldstärke in jedem Punkt gleich sind. Die Feldlinien sind dann parallele Geraden. Das Feld im Inneren eines Plattenkondensators ist näherungsweise homogen.

Die elektrostatische Kraft und das elektrostatische Feld sind nach Gl. (2.38) zueinander proportional. Für elektrostatische Felder gilt daher das **Superpositionsprinzip** (Überlagerungsprinzip). Das resultierende Feld mehrerer diskreter Ladungen kann durch **vektorielle Addition** der Kräfte der einzelnen Ladungen in jedem Raumpunkt gewonnen werden. Für die grafische Konstruktion des Feldbildes wird an verschiedenen Raumpunkten die Vektorsumme der Felder der Einzelladungen gebildet. Die von den einzelnen Ladungen hervorgerufenen Feldstärkevektoren addieren sich vektoriell:

$$\vec{E}_{ges} = \vec{E}_1 + \vec{E}_2 + \vec{E}_3 + \ldots + \vec{E}_n \tag{2.40}$$

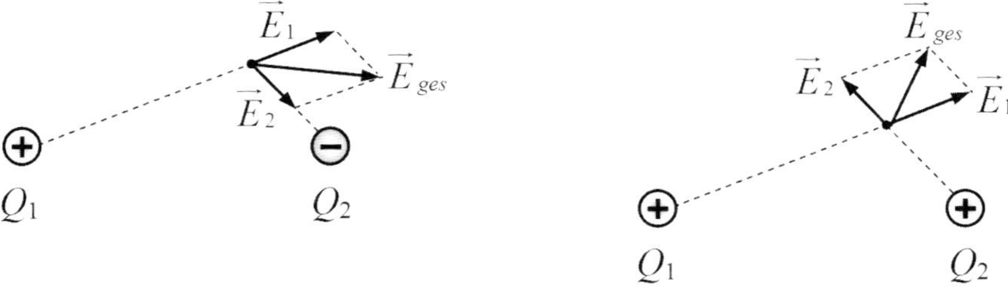

Abb. 18: Vektorielle Addition des elektrischen Feldes von zwei ungleichnamigen (links) und zwei gleichnamigen (rechts) Ladungen in einem Raumpunkt

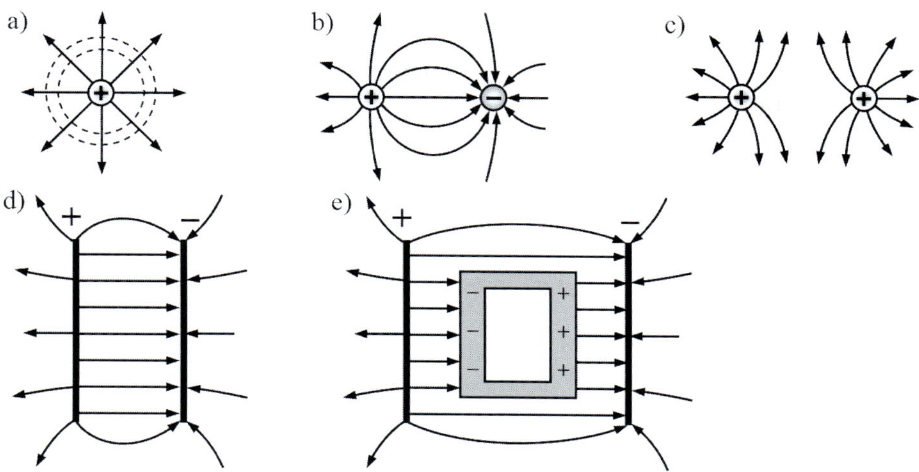

a) Positive Ladung mit unendlich weit entfernter negativer Ladung und Kreise als Äquipotenzialflächen, b) Dipol aus entgegengesetzten Ladungen, c) gleiche Ladungen, d) zwei entgegengesetzt geladene Metallplatten, e) Metallkasten zwischen entgegengesetzt geladenen Metallplatten

Abb. 19: Beispiele elektrostatischer Felder, Feldlinienbilder

Stoffe im elektrostatischen Feld

Sind mehr als eine Ladung die Ursache für ein elektrostatisches Feld, so kann dieses nur auftreten, wenn sich zwischen den felderzeugenden Ladungen ein Nichtleiter befindet. In obiger Abbildung wird z. B. angenommen, dass sich zwischen den Ladungen bzw. den geladenen Metallplatten Vakuum oder Luft befindet.

Ein Stoff mit sehr geringer elektrischer Leitfähigkeit wird **Dielektrikum** genannt. Es gibt Werkstoffe, deren Moleküle bereits durch ihre Struktur Dipole darstellen. Beispiele solcher polarer Stoffe sind Wasser, PVC, Papier, Polyester, Polycarbonat. Die Ausrichtung der Dipole (das Dipolmoment) ist in diesen Dielektrika ohne elektrisches Feld unregelmäßig verteilt. Befindet sich ein polarer Isolierstoff im elektrostatischen Feld zwischen zwei geladenen Metallplatten, so richten sich seine Dipole in Feldrichtung aus, sie ordnen sich parallel zum elektrischen Feld an. Man spricht von einer *Orientierungspolarisation*, *Richtungspolarisation* oder *Dipolpolarisation*. Die Zeit, bis sich die Dipole in Feldrichtung ausgerichtet haben, heißt *Relaxationszeit*. Durch die gedrehten Dipole entsteht im Dielektrikum ein Polarisationsfeld, das zu dem äußeren Feld entgegengesetzt gerichtet ist. Das äußere elektrische Feld wird durch dieses Gegenfeld geschwächt. Das Feld im Dielektrikum ist schwächer als das Feld zwischen den Metallplatten ohne Dielektrikum.

Wird ein metallischer Leiter in ein elektrisches Feld gebracht, so werden die freien Elektronen auf dem Metallkörper verschoben. Eine solche Ladungsverschiebung auf einem metallischen Körper durch ein elektrisches Feld wird als elektrische **Influenz** bezeichnet. Da die verschiebbare Ladungsmenge auf einem Metallkörper sehr groß ist, endet diese Ladungsverschiebung, wenn das durch die Influenzladung auf dem Metallkörper erzeugte elektrische Feld so groß geworden ist wie das äußere elektrische Feld. Die beiden elektrischen Felder heben sich gegenseitig auf, zwischen den Influenzladungen entsteht im Inneren des Körpers ein feldfreier Raum. Die Ladungen sind getrennt auf der Oberfläche verteilt. Besteht der Metallkörper aus zwei aneinander liegenden Metallplatten, so können diese jetzt auseinander gezogen werden, die Influenzladung bleibt auf den Platten erhalten, die eine Platte ist positiv und die andere ist negativ geladen, der feldfreie Raum dazwischen dehnt sich aus.

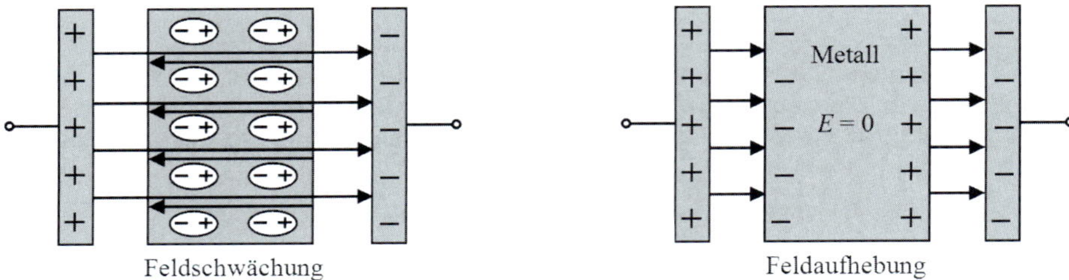

Abb. 20: Metallplatten mit ruhenden Ladungen $Q+$ und $Q-$, dazwischen ein Isolierstoff aus polaren Molekülen (Dipole) im nach rechts gerichteten elektrischen Feld, mit nach links gerichtetem abschwächendem Gegenfeld im Dielektrikum (links), Ladungsverschiebung im Metall durch Influenz mit Feldaufhebung im Inneren des Leiters (rechts)

2.5.5.2 Elektrisches Feld bewegter Ladungen, Strömungsfeld

Das elektrische Feld **bewegter** Ladungen wird als elektrisches **Strömungsfeld** bezeichnet. Es existiert nur in elektrischen Leitern, im Gegensatz zum elektrostatischen Feld, welches nur im Nichtleiter besteht. Der Leiter kann linienhaft, flächenhaft oder räumlich sein.

Wird die Bewegung der Ladung durch eine **Gleichspannung** verursacht, dann entsteht ein **stationäres elektrisches Strömungsfeld**. Es beschreibt die Ladungsbewegung und ihre Wirkungen im elektrischen Leiter für den Fall, dass sich die elektrischen Größen zeitlich nicht ändern. Dies ist bei zeitlich konstantem Strom gegeben, bei dem auch keine induzierten Spannungen entstehen. Ein fließender Gleichstrom erregt jedoch ein Magnetfeld. Dies bedeutet, elektrische Strömungsfelder und magnetische Felder treten immer gleichzeitig auf. Das stationäre Strömungsfeld ist durch eine konstante Stromstärke I gekennzeichnet bzw. wird durch eine ortsabhängige Feldgröße beschrieben, den Vektor der Stromdichte $\vec{S}$. **Das stationäre elektrische Strömungsfeld ist quellenfrei**. Der Strom fließt immer in einem geschlossenen Umlauf (Satz von der Ladungserhaltung, Ladungserhaltungssatz).

Bewegte Ladungen verursachen grundsätzlich elektrische **und** magnetische Felder.

Wird die Bewegung der Ladung durch eine **Wechselspannung** verursacht (deren Höhe ja zeitlich veränderlich ist), dann entstehen **zeitlich veränderliche Felder**, sie sind durch zeitlich veränderliche Feldgrößen gekennzeichnet. Es treten induzierte Spannungen auf und es fließen zeitlich veränderliche Ströme. Bei veränderlichen Feldern sind elektrisches und magnetisches Feld miteinander verknüpft, beide werden in der Elektrodynamik zum **elektromagnetischen Feld** zusammengefasst. **Ein zeitlich veränderliches elektrisches Feld erzeugt immer ein Magnetfeld, ein zeitlich veränderliches Magnetfeld ruft immer ein elektrisches Feld hervor.**

Bei hohen Frequenzen (großen Änderungsgeschwindigkeiten der Feldgrößen) entstehen elektromagnetische Wellen, die sich im Raum ausbreiten.

Das elektrische Strömungsfeld kann erst nach näherer Erläuterung der Begriffe Stromstärke, Stromdichte, Spannung usw. detaillierter betrachtet werden.

2.5.5.3 Klassifizierung elektromagnetischer Felder

Das Klassifizierungsmerkmal ist die Zeitabhängigkeit der Feldgrößen.

- **Statische Felder**

  Es gibt keine zeitlichen Änderungen der Feldgrößen, keine Ladungsbewegungen, keine elektrischen Ströme.

  Elektrostatisches Feld (Ladungsfeld): Feld **ruhender** Ladungen.

  Magnetostatisches Feld: Feld **ruhender**, natürlicher Magnete.

  Es gibt keine Verbindungen zwischen den elektrischen und den magnetischen Erscheinungen. Beide Felder sind voneinander völlig entkoppelt und existieren unabhängig voneinander.

- **Stationäre Felder**

  Es gibt keine zeitlichen Änderungen der Feldgrößen. Es treten nur zeitlich konstante Ströme (Gleichströme) auf, bedingt durch bewegte Ladungen mit konstanter Geschwindigkeit. Stationäre Felder sind die elektrischen und magnetischen Felder von Gleichströmen. Das magnetische Strömungsfeld ist ein magnetostatisches Feld, ein zeitlich konstantes, ruhendes Magnetfeld, das durch Gleichströme aufgebaut wird. Beim magnetostatischen Feld spricht man allgemein vom Magnetfeld.

- **Quasistationäre Felder**

  Die Zeitabhängigkeit der Feldgrößen unterliegt Einschränkungen. Besitzen die Feldgrößen einen zeitlich sinusförmigen Verlauf mit der Periodendauer T, so muss gelten: $T \gg t_L$. Dabei ist t_L die Laufzeit der elektrischen Erscheinung innerhalb der Schaltung oder der elektrischen Anordnung und errechnet sich aus deren Abmessungen s_{max} nach:

$$t_L = \frac{c}{s_{max}} \tag{2.41}$$

mit c = Lichtgeschwindigkeit (ca. $300\,000\ \mathrm{km/s}$).

Quasistationäre Felder sind Felder mit langsamen zeitlichen Änderungen der Feldgrößen bezüglich der räumlichen Schaltungsausdehnung.

Quasistationär bedeutet dabei, dass für jeden Zeitpunkt einer Zustandsänderung die Gesetze der stationären Felder gültig sind. Es tritt keine Wellenausbreitung auf. Es werden nur Konvektionsströme (siehe Abschnitt 5.1.2.1) berücksichtigt.

Bei langsam zeitveränderlichen Feldern kann man zwischen den *kapazitiven Feldern* mit überwiegend elektrischer Energie und den *induktiven Feldern* mit überwiegend magnetischer Energie unterscheiden.

- **Nichtstationäre Felder (Wellenfelder)**

  Für die Zeitabhängigkeit der Feldgrößen gilt $T < t_L$. Es sind Felder schnell zeitveränderlicher Feldgrößen. Es kommt zur Wellenausbreitung (Funkwellen). Wellenfelder werden normalerweise nicht in der Grundlagenausbildung der Elektrotechnik, sondern z. B. in der Nachrichtentechnik behandelt.

2.6 Zusammenfassung

1. Die Fernwirkungstheorie des 18. Jahrhunderts wurde durch die Feldtheorie ersetzt.
2. In einem Feld wird jedem Raumpunkt eine Größe zugeordnet. Die den Raumzustand beschreibende physikalische Größe heißt Feldgröße.
3. Feldlinien (Kraftlinien) sind *gedachte* Hilfslinien im Raum.
4. Bei einem Vektorfeld wird jedem Raumpunkt ein Feldvektor zugeordnet.
5. Bei einem Skalarfeld wird jedem Raumpunkt eine Zahl (ein Skalar) zugeordnet. Die Zahl wird *Potenzial* genannt.
6. Ein Vektorfeld kann durch ein Bild von Feldlinien grafisch dargestellt werden.
7. Die grafische Darstellung eines Skalarfeldes kann durch Äquipotenzialflächen oder durch Äquipotenziallinien erfolgen.
8. Bei einem Potenzialfeld kann jedem Raumpunkt eines Vektorfeldes ein Potenzial zugeordnet werden. Potenzialfelder werden auch Gradientenfelder oder konservative Felder genannt.

9. Der Nabla-Operator ist ein Differenzialoperator der Vektoranalysis.
10. Der Gradient $\operatorname{grad}(f)$ ist die partielle Ableitung der Funktion $f(x,y,z)$ nach den Raumkoordinaten x, y und z.
11. Der Gradient eines Skalarfeldes ist ein Vektorfeld, er beschreibt die Änderung eines Skalarfeldes.
12. Damit ein Vektorfeld ein Potenzialfeld ist, müssen Integrabilitätsbedingungen erfüllt sein.
13. Die Rotation eines Vektorfeldes ist das Kreuzprodukt des Nabla-Operators mit dem Vektorfeld.
14. Die Rotation eines Vektorfeldes ist wieder ein Vektorfeld, es wird als Wirbelfeld des ursprünglichen Vektorfeldes bezeichnet.
15. Potenzialfelder sind wirbelfrei, ihre Rotation ist null.
16. Ein Vektorfeld wird auch durch das Vorhandensein von Quellen und Senken charakterisiert. Die Divergenz gibt die lokale Quellstärke in einem Vektorfeld an jedem beliebigen Koordinatenpunkt an.
17. Die Divergenz ist definiert als Skalarprodukt des Nabla-Operators mit dem Vektorfeld (als Ableitung eines Vektorfeldes). Die Divergenz eines Vektorfeldes ist ein Skalarfeld.
18. Felder in der Elektrotechnik sind elektrische und magnetische Felder.
19. Die Ursache elektrischer Felder ist die elektrische Ladung.
20. Eine ruhende elektrische Ladung erzeugt in der nicht leitenden Umgebung ein elektrostatisches Feld.
21. Ein elektrostatisches Feld ist ein Quellenfeld. Feldlinien beginnen an positiven und enden an negativen Ladungen. Für elektrostatische Felder gilt das Superpositionsprinzip.
22. Das Innere eines elektrischen Leiters ist feldfrei.
23. Eine Ladungsverschiebung auf einem metallischen Körper durch ein elektrisches Feld wird als elektrische Influenz bezeichnet.
24. Das elektrische Feld bewegter Ladungen wird als elektrisches Strömungsfeld bezeichnet.
25. Ein zeitlich veränderliches elektrisches Feld erzeugt immer ein Magnetfeld, ein zeitlich veränderliches Magnetfeld ruft immer ein elektrisches Feld hervor.

2.7 Kurven-, Flächen-, Volumenintegral

Anmerkung: Die nachfolgenden Ausführungen zu den Grundlagen der Vektoranalysis sind nicht bis in das kleinste Detail mathematisch exakt ausgeführt (z. B. bezüglich Gültigkeitsbedingungen). Hier soll ein Verständnis für die Anwendung dieser mathematischen Werkzeuge in der Elektrotechnik geweckt werden.

2.7.1 Kurvenintegral

Ein Integral über ein Vektorfeld entlang eines gegebenen Weges wird als **Kurvenintegral** (auch als **Linien**- oder **Wegintegral**) bezeichnet.

Anmerkung: Häufig wird zwischen Kurvenintegral erster und zweiter Art unterschieden. Beim Kurvenintegral erster Art (nicht orientiertes Kurvenintegral) wird über ein Skalarfeld (eine skalare Funktion) längs eines Weges integriert, eine Anwendung ist z. B. die Berechnung der Bogenlänge eines Kurvenstücks. Beim Kurvenintegral zweiter Art (orientiertes Kurvenintegral) wird über ein Vektorfeld längs eines Weges integriert, eine Anwendung ist z. B. die Ermittlung der Arbeit beim Verschieben einer Masse im Gravitationsfeld.

In einigen physikalisch wichtigen Fällen ist das **Kurvenintegral unabhängig vom Integrationsweg**. Das **Ergebnis** eines Kurvenintegrals entlang eines Integrationsweges **hängt** dann **nur von den Endpunkten des Weges ab** und nicht vom Wegverlauf zwischen diesen Punkten. In diesem Fall liefert das Umlaufintegral (der Integrationsweg ist in sich geschlossen) für alle möglichen Integrationswege das Ergebnis null (das **Umlaufintegral verschwindet**). Solche Felder werden als **wirbelfrei** bezeichnet, es sind **konservative** Felder (Potenzialfelder, Gradientenfelder, siehe Abschnitt 2.5.3). Beispiele hierfür sind das reibungsfreie Verschieben einer Masse im Gravitationsfeld und das Verschieben einer Ladung im elektrostatischen Feld. Ein **Gradientenfeld** besitzt ein Potenzial, der **Wert des Kurvenintegrals** längs eines vorgegebenen Weges ist dann bestimmt durch die **Potenzialdifferenz zwischen Wegendpunkt und Weganfangspunkt**.

Die Unabhängigkeit des Ergebnisses vom Integrationsweg ermöglicht es in einigen Fällen das Kurvenintegral zu berechnen, indem der Verlauf des Integrationsweges zuerst parallel und dann senkrecht zu den Feldlinien gewählt wird. Liegt der Integrationsweg senkrecht zu den Feldlinien (also auf einer Äquipotenzialfläche), so ist der entsprechende Beitrag zum Integral null.

Das Kurvenintegral kann gut am Beispiel der Bestimmung einer geleisteten mechanischen Arbeit erläutert werden. Bekanntlich ist mechanische Arbeit proportional zu Kraft und Weg. Wird ein Körper unter Wirkung einer Kraft F entlang eines Weges s verschoben, so wird dabei die Arbeit W verrichtet:

$$W = F \cdot s \tag{2.42}$$

Diese Gleichung gilt allerdings nur, wenn die Kraft entlang des Weges konstant ist und Kraftrichtung und Verschiebungsrichtung gleich sind. Sind die Richtungen von Kraft und Weg nicht parallel, so ist die verrichtete Arbeit als das Skalarprodukt von Kraftvektor und Wegvektor definiert:

$$W = \vec{F} \bullet \vec{s} = \left|\vec{F}\right| \cdot \left|\vec{s}\right| \cdot \cos(\alpha) \tag{2.43}$$

α = Winkel zwischen den Richtungen von Kraft und Weg

Im allgemeinen Fall ist die Kraft entlang des Weges nicht konstant und der Weg verläuft nicht geradlinig. In diesem Fall wird der Weg in kleine Abschnitte $\Delta\vec{s}$ aufgeteilt, die so klein sind, dass sie als geradlinig angenommen werden können, und die entlang ihnen wirkende Kraft als konstant betrachtet werden kann. Die gesamte mechanische Arbeit ergibt sich dann durch Summieren aller Beiträge $\Delta W_i = \vec{F_i} \bullet \Delta\vec{s_i}$ auf den einzelnen Wegelementen:

$$W = \sum_{i=1}^{n} \Delta W_i = \sum_{i=1}^{n} \vec{F_i} \bullet \Delta\vec{s_i} \tag{2.44}$$

Das Ergebnis wird umso genauer, je kleiner die Teilstrecke $\Delta\vec{s}$ gewählt wird. Mit infinitesimalen Wegstücken $d\vec{s}$ erfolgt der Übergang von der Summe zum Integral, die Gesamtarbeit ist:

$$W = \int_{A}^{B} \vec{F} \bullet d\vec{s} \tag{2.45}$$

Gl. (2.45) ist das Kurvenintegral mit dem Integrationsweg vom Anfangspunkt A zum Endpunkt B. Da dieser Weg eine Richtung hat, ändert sich beim Umkehren des Integrationsweges das Vorzeichen des Integrals. W ist positiv, wenn Kraft und Weg in dieselbe Richtung weisen.

Statt von Anfangs- und Endpunkt wird häufig nur von einer Kurve C gesprochen. Das Kurvenintegral wird dann geschrieben als

$$W = \int_{C} \vec{F}(\vec{r}) \bullet d\vec{r} \tag{2.46}$$

C ist eine Kurve in der Ebene oder im Raum, $\vec{r}$ ist ein Ortsvektor und zeigt vom Ursprung zu Punkten auf C, $\vec{F}(\vec{r})$ ist ein Kraftfeld (Vektorfeld).

- Ist C eine Kurve in der **Ebene**, so ist

$$\vec{F}(\vec{r})\bullet d\vec{r}=\begin{pmatrix}F_1(x,y)\\F_2(x,y)\end{pmatrix}\bullet(dx,dy)=F_1(x,y)\,dx+F_2(x,y)\,dy \tag{2.47}$$

Wird ein Körper in einem Kraftfeld auf C verschoben, so ist die insgesamt aufzubringende Arbeit

$$W=\int_C \vec{F}(\vec{r})\bullet d\vec{r}=\int_C\left[F_1(x,y)\,dx+F_2(x,y)\,dy\right] \tag{2.48}$$

- Ist C eine Kurve im dreidimensionalen **Raum**, so ist die Arbeit

$$W=\int_C \vec{F}(\vec{r})\bullet d\vec{r}=\int_C\left[F_1(x,y,z)\,dx+F_2(x,y,z)\,dy+F_3(x,y,z)\,dz\right] \tag{2.49}$$

Stimmen Anfangs- und Endpunkt der Kurve C überein, d.h. ist $A=B$ und der Integrationsweg C somit eine geschlossene Kurve, so wird das Integral **Umlaufintegral** genannt. Es wird durch einen Kreis in der Mitte des Integralzeichens gekennzeichnet.

$$W=\oint_C \vec{F}(\vec{r})\bullet d\vec{r} \tag{2.50}$$

Solch ein Kurvenintegral wird auch als **Zirkulation** des Vektorfeldes längs der geschlossenen Kurve C oder als geschlossenes Kurvenintegral bezeichnet.

Bei der Berechnung der Arbeitsintegrale nach (2.48) oder (2.49) ist zu beachten, dass das Kraftfeld von den Koordinaten x und y (und z) eines Kurvenpunktes P auf C abhängt. Die Koordinaten sind aber voneinander abhängig, sie sind über die Kurvengleichung miteinander verknüpft. Für die Koordinaten werden deshalb die Parametergleichungen $x(t)$ und $y(t)$ (und $z(t)$) der Integrationskurve C eingesetzt. Die längs der Kurve wirkende Kraft hängt dann nur noch vom Kurvenparameter t ab. Das Wegelement $d\vec{r}$ wird ersetzt durch den Tangentenvektor $d\vec{r}/dt$ und das Differenzial dt des Parameters t:

$$\vec{r}=\vec{r}(t) \tag{2.51}$$

$$d\vec{r}(t)=\frac{d\vec{r}(t)}{dt}dt=\dot{\vec{r}}(t)\,dt=\begin{pmatrix}\dot{x}(t)\\\dot{y}(t)\\\dot{z}(t)\end{pmatrix}dt \tag{2.52}$$

Durch diese Substitution geht das Kurvenintegral in ein gewöhnliches Integral über. Das Kurvenintegral wurde in ein einfaches Integral über den Parameter t verwandelt. Für eine ebene Kurve ist:

$$W = \int_C \vec{F}(\vec{r}) \bullet d\vec{r} = \int_{t_1}^{t_2} \left(\vec{F}(\vec{r}) \bullet \dot{\vec{r}} \right) dt = \int_{t_1}^{t_2} \left[F_1 \cdot \dot{x}(t) + F_2 \cdot \dot{y}(t) \right] dt \tag{2.53}$$

Für eine Kurve im dreidimensionalen Raum ist:

$$W = \int_C \vec{F}(\vec{r}) \bullet d\vec{r} = \int_{t_1}^{t_2} \left(\vec{F}(\vec{r}) \bullet \dot{\vec{r}} \right) dt = \int_{t_1}^{t_2} \left[F_1 \cdot \dot{x}(t) + F_2 \cdot \dot{y}(t) + F_3 \cdot \dot{z}(t) \right] dt \tag{2.54}$$

2.7.2 Definition des Kurvenintegrals

$\vec{F}(x,y,z)$ ist ein Vektorfeld. $\vec{r}(t)$ definiert eine Raumkurve C mit $t \in [t_1, t_2]$. $\dot{\vec{r}}(t)$ ist der Tangentenvektor an der Kurve C. Das Kurvenintegral des Vektorfeldes $\vec{F}$ längs der Kurve C ist definiert als:

$$W = \int_{t_1}^{t_2} \left(\vec{F}(t) \bullet \dot{\vec{r}} \right) dt \tag{2.55}$$

Das Kurvenintegral ist bei gleichem Weg unabhängig von der Parametrisierung der Kurve C. Der Wert des Kurvenintegrals hängt in der Regel nicht nur von Anfangs- und Endpunkt des Integrationsweges, sondern auch vom vorgegebenen Weg ab (außer bei Gradientenfeldern).

2.7.3 Berechnung von Kurvenintegralen

2.7.3.1 Erste Vorgehensweise

- Die Kurve C ist in Parameterform gegeben oder wird parametrisiert. Der Ortsvektor $\vec{r}(t) = \begin{pmatrix} x(t) \\ y(t) \\ z(t) \end{pmatrix}$ ist also als Funktion eines Parameters t in einem Bereich $t \in [t_1, t_2]$ gegeben.
- Die Ableitung $\dfrac{d\vec{r}(t)}{dt}$ des Vektors $\vec{r}$ nach dem Parameter t wird bestimmt.
- $\vec{F}$ wird auf der Kurve C als Funktion des Parameters t bestimmt. Dabei werden in die drei Komponenten F_1, F_2 und F_3 des Vektorfeldes $\vec{F}(x,y,z)$ jeweils für jedes x, y und z die t-abhängigen Ausdrücke der x-, y- und z-Komponenten von $\vec{r}(t)$ eingesetzt.

- Das Skalarprodukt $\vec{F} \bullet \frac{d\vec{r}}{dt}$ wird berechnet.
- Die Integration $\int_{t_1}^{t_2} \left(\vec{F} \bullet \frac{d\vec{r}}{dt} \right) dt$ über t wird ausgeführt. Der Integrand, der Skalar $\vec{F} \bullet \frac{d\vec{r}}{dt}$, ist eine Funktion des Parameters t.

Beispiel 51

Gegeben ist das Vektorfeld $\vec{F}(x,y) = \begin{pmatrix} 2x+y \\ x \end{pmatrix}$. Die Kurve C (eine Parabel) ist in Parameterform gegeben durch $\vec{r}(t) = \begin{pmatrix} t \\ t^2 \end{pmatrix}$, und zwar zwischen den Punkten, die zu den Parametern $t_1 = 0$ und $t_2 = 1$ gehören. Die Kurve beginnt somit im Ursprung im Punkt $(0,0)$ und endet im Punkt $(1,1)$.

Lösung:

Die Ableitung des Ortsvektors gibt:

$$\frac{d\vec{r}}{dt} = \begin{pmatrix} 1 \\ 2t \end{pmatrix}$$

Der Feldvektor als Funktion von t ist:

$$\vec{F}(t) = \vec{F}(x(t), y(t)) = \begin{pmatrix} 2x(t) + y(t) \\ x(t) \end{pmatrix} = \begin{pmatrix} 2t + t^2 \\ t \end{pmatrix}$$

Das Skalarprodukt $\vec{F} \bullet \frac{d\vec{r}}{dt}$ ist:

$$\vec{F} \bullet \frac{d\vec{r}}{dt} = \begin{pmatrix} 2t + t^2 \\ t \end{pmatrix} \bullet \begin{pmatrix} 1 \\ 2t \end{pmatrix} = 2t + t^2 + t2t = 2t + 3t^2$$

Das Kurvenintegral längs der Kurve C ist:

$$\int_C \vec{F}(\vec{r}) \bullet d\vec{r} = \int_{t_1}^{t_2} \left(\vec{F} \bullet \frac{d\vec{r}}{dt} \right) dt = \int_0^1 \left(2t + 3t^2 \right) dt = \left[\frac{2t^2}{2} + \frac{3t^3}{3} \right]_0^1 = \underline{\underline{2}}$$

Beispiel 52

Gegeben: $\vec{F}(x,y,z)=\begin{pmatrix} xy \\ x^2+yz \\ xz \end{pmatrix}$ und Kurve C als $\vec{r}(t)=\begin{pmatrix} t \\ 1-t \\ t^2 \end{pmatrix}$ mit $1\le t\le 2$

Gesucht: Kurvenintegral W längs C zwischen $t_1=1$ und $t_2=2$

Lösung:

$$\dot{\vec{r}}(t)=\begin{pmatrix} 1 \\ -1 \\ 2t \end{pmatrix};\ \vec{F}(t)=\begin{pmatrix} t\cdot(1-t) \\ t^2+(1-t)\cdot t^2 \\ t\cdot t^2 \end{pmatrix}=\begin{pmatrix} t-t^2 \\ 2t^2-t^3 \\ t^3 \end{pmatrix}$$

$$W=\int_1^2\left(\vec{F}(t)\bullet\dot{\vec{r}}(t)\right)dt=\int_1^2\left[1\cdot\left(t-t^2\right)-1\cdot\left(2t^2-t^3\right)+2t\cdot t^3\right]dt=\underline{\underline{10{,}65}}$$

Beispiel 53

Gegeben ist das Vektorfeld $\vec{F}(x,y,z)=\begin{pmatrix} xy \\ y \\ -x \end{pmatrix}$. Die Kurve C ist in Parameterdarstellung gegeben durch $\vec{r}(t)=\begin{pmatrix} t \\ t^2 \\ t^3 \end{pmatrix}$. Zu berechnen ist das Kurvenintegral im Bereich $0\le t\le 1$.

Lösung:

$$\dot{\vec{r}}(t)=\begin{pmatrix} 1 \\ 2t \\ 3t^2 \end{pmatrix};\ \vec{F}(t)=\begin{pmatrix} t\cdot t^2 \\ t^2 \\ -t \end{pmatrix};$$

$$W=\int_0^1\left(\begin{pmatrix} t^3 \\ t^2 \\ -t \end{pmatrix}\bullet\begin{pmatrix} 1 \\ 2t \\ 3t^2 \end{pmatrix}\right)dt=\int_0^1\left(t^3+2t^3-3t^3\right)dt=\underline{\underline{0}}$$

2.7.3.2 Zweite Vorgehensweise

Liegt die Integrationskurve C *nicht* in Parameterform vor, so kann wie folgt vorgegangen werden. Gl. (2.49) ist die Summe von drei gewöhnlichen Integralen.

$$W=\int_{x_1}^{x_2}F_1(x,y,z)\,dx+\int_{y_1}^{y_2}F_2(x,y,z)\,dy+\int_{z_1}^{z_2}F_3(x,y,z)\,dz \tag{2.56}$$

Die Integranden hängen aber von allen drei Variablen x, y und z ab und nicht nur von der jeweiligen Integrationsvariablen. Betrachten wir zum Beispiel das erste Integral. Hier gehören zu jedem x-Wert auch bestimmte Werte von y und z, die vom Verlauf der Integrationskurve abhängen. Drücken wir nun y und z mit Hilfe der Kurve als Funktion von x aus, erhalten wir für das erste Integral

$$\int_{x_1}^{x_2} F_1\left(x, y(x), z(x)\right) dx \tag{2.57}$$

Dies ist ein gewöhnliches Integral über x. Mit den anderen beiden Integralen verfahren wir analog und erhalten

$$W = \int_{x_1}^{x_2} F_1(x)\,dx + \int_{y_1}^{y_2} F_2(y)\,dy + \int_{z_1}^{z_2} F_3(z)\,dz \tag{2.58}$$

Hierin sind

$F_1(x) = F_1\left(x, y(x), z(x)\right)$, $F_2(y) = F_2\left(x(y), y, z(y)\right)$,

$F_3(z) = F_3\left(x(z), y(z), z\right)$.

Die Information über den Verlauf der Kurve C ist jetzt in den Funktionen $F_1(x)$, $F_2(y)$ und $F_3(z)$ enthalten.

Beispiel 54

Gegeben ist wieder das Vektorfeld $\vec{F}(x,y) = \begin{pmatrix} 2x+y \\ x \end{pmatrix}$ aus Beispiel 51. Wird die Kurve C nicht in Parameterform dargestellt, so ist sie gegeben durch den Ausdruck $y = x^2$, laut Angabe zwischen $x_1 = y_1 = 0$ und $x_2 = y_2 = 1$.

Im Kurvenintegral $W = \int_{x_1}^{x_2} F_1(x)\,dx + \int_{y_1}^{y_2} F_2(y)\,dy$ kann im ersten Term y und im zweiten Term x durch die jeweilige Integrationsvariable ausgedrückt werden.

$$W = \int_{x_1}^{x_2} F_1\left(x, x^2\right) dx + \int_{y_1}^{y_2} F_2\left(\sqrt{y}, y\right) dy$$

Mit den Komponenten des Vektorfeldes $F_1 = 2x + y$ und $F_2 = x$ folgt:

$$W = \int_0^1 \left(2x + x^2\right) dx + \int_0^1 \left(\sqrt{y}\right) dy = \left[\frac{2x^2}{2} + \frac{x^3}{3}\right]_0^1 + \left[\frac{2}{3} y^{\frac{3}{2}}\right]_0^1 = \underline{\underline{2}}$$

2.7.4 Kurvenintegral über ein Potenzialfeld

Ein Kurvenintegral lässt sich besonders einfach berechnen, wenn das Vektorfeld ein Potenzial besitzt, also ein Gradientenfeld (ein Potenzialfeld, ein konservatives Feld) ist. Das Kurvenintegral kann in diesem Fall als eine Art „Differenz der Stammfunktionswerte" zwischen dem End- und Anfangswert der Kurve berechnet werden.

Ist $f(x,y,z)$ das Potenzial des Vektorfeldes $\vec{F}(x,y,z)$, so ist

$$\int_C \vec{F}(\vec{r}) \bullet d\vec{r} = f(\vec{r}(B)) - f(\vec{r}(A)) \qquad (2.59)$$

Der Wert des Kurvenintegrals längs eines gegebenen Weges C ist bestimmt durch die Potenzialdifferenz

$$\Delta f = f(Wegendpunkt) - f(Weganfangspunkt) \qquad (2.60)$$

Das Kurvenintegral über ein Potenzialfeld ist unabhängig vom Integrationsweg und ergibt sich direkt aus der Potenzialdifferenz zwischen End- und Anfangspunkt der Integration.

Wird die Orientierung von C betrachtet, so besitzt der Endpunkt B die Orientierung $+1$ und der Anfangspunkt A die Orientierung -1. Fallen beide Punkte zusammen, so erhält man eine geschlossene Kurve und das Umlaufintegral verschwindet.

$$W = \oint_C \vec{F}(\vec{r}) \bullet d\vec{r} = 0 \quad \text{für } \vec{F}(\vec{r}) \text{ konservativ} \qquad (2.61)$$

Wie bereits in Abschnitt 2.5.3.2 dargestellt, ist in diesem Fall $\operatorname{rot}(\vec{F}) = \vec{0}$.

2.7.5 Flächenintegral

2.7.5.1 Übersicht

Flächenintegrale treten z. B. bei folgenden Problemstellungen auf:

- die Masse einer gekrümmten Schale ist zu berechnen.
- die resultierende Kraft des auf eine Fläche wirkenden Drucks ist gesucht.
- die Flüssigkeitsmenge, die pro Zeiteinheit durch eine vorgegebene Fläche strömt, ist zu ermitteln.

Das Flächenintegral ist eine Verallgemeinerung des Integralbegriffes. Das *Integrationsgebiet* ist nicht ein eindimensionales Intervall, sondern eine zweidimensionale Menge im dreidimensionalen Raum. Ist das Integrationsgebiet S

ein ebenes Flächenstück, so spricht man von einem **Flächenintegral**, ist es ein beliebiges räumliches (gekrümmtes) Flächenstück, so wird das Integral als **Oberflächenintegral** bezeichnet.

Je nach Form des Integranden und des so genannten Oberflächenelements wird zwischen einem *skalaren* und einem *vektoriellen* Oberflächenintegral unterschieden.

Skalares Oberflächenintegral:

$$\iint_S f\, dS \tag{2.62}$$

f ist eine skalare Funktion und dS ein skalares Oberflächenelement.

Vektorielles Oberflächenintegral:

$$\iint_S \vec{F} \bullet d\vec{S} \tag{2.63}$$

$\vec{F}$ ist eine vektorwertige Funktion und $d\vec{S}$ ein vektorielles Oberflächenelement.

2.7.5.2 Parameterdarstellung einer Fläche

Wie bei den Linienintegralen muss die Fläche in Form einer Parameterdarstellung vorliegen, um Flächenintegrale auf gewöhnliche Integrale (Doppelintegrale) zurückführen zu können. Somit gilt: Wird über eine Fläche integriert, so wird sie parametrisiert dargestellt. Eine Oberfläche ist eine zweidimensionale Menge, die sich im dreidimensionalen Raum als Funktion von zwei Variablen u und v (den Parametern) in folgender Form darstellen lässt:

$$\vec{r}(u,v) = \begin{pmatrix} x(u,v) \\ y(u,v) \\ z(u,v) \end{pmatrix} \quad (u,v) \in D \tag{2.64}$$

Der Punkt $(u,v) \in D$ eines ebenen Flächenstückes D (eines zweidimensionalen, auf D definierten Vektorfeldes) geht bei der Abbildung $(u,v) \rightarrow \vec{r}(u,v)$ über in den Flächenpunkt

$\left[x(u,v);\ y(u,v);\ z(u,v)\right] \in S$ mit dem Ortsvektor $\vec{r}(u,v)$.

Der Punkt auf der Fläche S besitzt räumliche Koordinaten $(x,\ y,\ z)$, wird aber über die Parameter (u,v) sozusagen „adressiert“. Die Abbildung heißt Parameterdarstellung der Fläche S, die beiden unabhängigen Variablen u und v heißen Parameter, Parameterbereich ist D. $D \in \mathbb{R}^2$ ist eine Menge, deren Rand keine doppelten Punkte enthält, stetig differenzierbar und nicht unendlich lang ist.

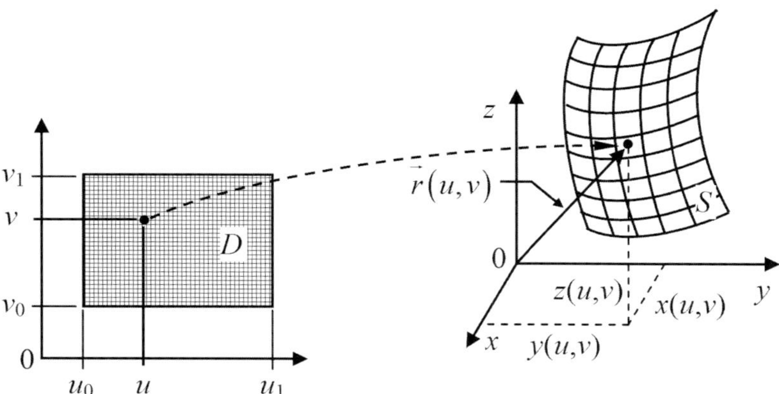

Abb. 21: Parameterdarstellung einer Fläche S bei rechteckigem Parametergebiet $D=[u_0,u_1]\times[v_0,v_1]$

Halten wir einen der beiden Parameter konstant, z. B. $v = \text{const.}$, so beschreibt $\vec{r}(u, \text{ const.})$ eine Kurve auf der Fläche. Auf der Fläche $\vec{r}(u,v)$ werden durch die Kurvenscharen $u = \text{const.}$ bzw. $v = \text{const.}$ Koordinatenlinien gebildet, welche die Fläche mit einem Koordinatennetz überziehen. Durch jeden Punkt verlaufen zwei Koordinatenlinien, jeder Punkt auf der Fläche hat also eindeutige, durch die Parameter u und v festgelegte Koordinaten.

Mit anderen Worten: Hält man in der Parameterdarstellung des Ortsvektors $\vec{r}(u,v)=[x(u,v);\ y(u,v);\ z(u,v)]$ einen der beiden Parameter konstant, so werden die Parameterlinien $u = \text{const.}$ und $v = \text{const.}$ als Koordinatenlinien auf der Oberfläche dargestellt.

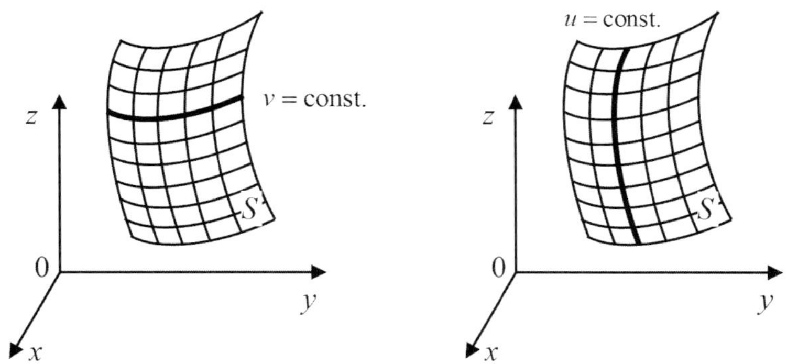

Abb. 22: Koordinatenlinien auf der Fläche S

Beispiel 55
Die Parameterdarstellung der Oberfläche einer Kugel mit dem Radius R ist gegeben durch:

$$\vec{r}(u,v)=\begin{pmatrix} R\cdot\sin(u)\cdot\cos(v) \\ R\cdot\sin(u)\cdot\sin(v) \\ R\cdot\cos(u) \end{pmatrix} \tag{2.65}$$

Hierin entspricht u dem Polarwinkel ϑ (Winkel zwischen positiver z-Achse und Ortsvektor $\vec{r}$, Zenitdistanz) und v entspricht dem Azimutwinkel φ (Winkel zwischen positiver x-Achse und Projektion des Ortsvektors $\vec{r}$ in die xy-Ebene, geografische Länge). D ist das Rechteck $[0,\pi]\times[0,2\pi]$, und es ist $(u,v)=(\vartheta,\varphi)\in D$.

2.7.5.3 Oberflächenelement

Bei einer Integration ist dx im eindimensionalen Fall ein unendlich kleines Intervall. Im zweidimensionalen Fall wird dx durch ein unendlich kleines Flächenstück $d\sigma$ ersetzt. An jeden Punkt der in Parameterdarstellung gegebenen Oberfläche kann man zwei infinitesimale *Tangentenvektoren* legen. Ein Tangentenvektor entsteht, wenn v konstant gehalten und u minimal variiert wird. Der zweite Tangentenvektor entsteht im umgekehrten Fall (u konstant, v variiert). Im betrachteten Punkt (u_0,v_0) liegen also zwei Tangentenvektoren an den Parameterlinien.

Entlang der Parameterlinien lassen sich die Tangentenvektoren durch partielle Ableitungen bestimmen:

$$\vec{r}_u=\frac{\partial\vec{r}(u,v)}{\partial u} \tag{2.66}$$

$$\vec{r}_v=\frac{\partial\vec{r}(u,v)}{\partial v} \tag{2.67}$$

$\vec{r}(u,v)$ ist die parametrische Form der Fläche. $\vec{r}_u(u_0,v_0)$ und $\vec{r}_v(u_0,v_0)$ sind die Tangentenvektoren im Punkt $\vec{r}(u_0,v_0)$. Die beiden Vektoren spannen eine Tangentialebene an die Fläche S im Punkt $\vec{r}(u_0,v_0)$ auf (falls sie linear unabhängig sind). Sind die Tangentenvektoren in keinem Punkt der Fläche parallel, so spricht man von einer *regulären Parametrisierung*. Das Kreuzprodukt $\vec{r}_u(u_0,v_0)\times\vec{r}_v(u_0,v_0)$ steht senkrecht auf den beiden Tangentenvektoren und somit senkrecht auf der Tangentialebene. Der entsprechende Einheitsvektor $\vec{n}(u_0,v_0)$ in dieser Richtung heißt *Flächennormale* im Punkt $\vec{r}(u_0,v_0)$.

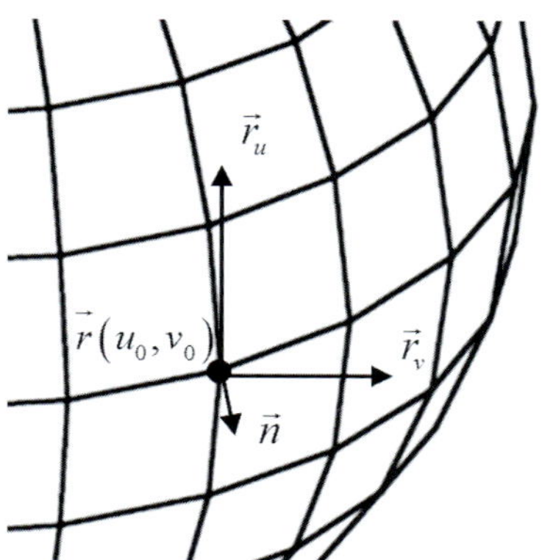

Abb. 23: Tangentenvektoren im Punkt $\vec{r}(u_0, v_0)$

Der Flächeninhalt des von beiden Tangentenvektoren aufgespannten Parallelogramms entspricht dem Betrag ihres Kreuzproduktes. Für die Fläche $\vec{r}(u, v)$ werden folgende Oberflächenelemente definiert:

- **Skalares Oberflächenelement**

$$dS = \left|\vec{r}_u \times \vec{r}_v\right| du\, dv \tag{2.68}$$

- **Vektorielles Oberflächenelement**

$$d\vec{S} = \vec{n}\, dS = \vec{r}_u \times \vec{r}_v\, du\, dv \tag{2.69}$$

Hierin ist $\vec{n}$ der Normalenvektor des Flächenelements.

Beim Normalenvektor sind zwei Lösungen mit unterschiedlichem Vorzeichen möglich, je nach Reihenfolge von $\vec{r}_u$ und $\vec{r}_v$ im Kreuzprodukt. Bei geschlossenen Oberflächen wird nach Vereinbarung das nach außen weisende vektorielle Oberflächenelement verwendet.

2.7.5.4 Definition der Oberflächenintegrale

S ist eine in parametrischer Form $\vec{r} = \vec{r}(u, v)$ gegebene Fläche. $f(\vec{r})$ ist ein Skalarfeld. $\vec{F}(\vec{r})$ ist ein Vektorfeld. Beide Felder sind auf der Fläche S definiert.

- ***Skalares* Oberflächenintegral einer skalaren Funktion:**

$$\iint_S f(\vec{r})\, dS = \iint_D f\left(\vec{r}(u, v)\right)\left|\vec{r}_u \times \vec{r}_v\right| du\, dv \tag{2.70}$$

Für $f(\vec{r}) = 1$ ist das skalare Oberflächenintegral der Flächeninhalt der Oberfläche. Ist $f(\vec{r}) \neq 1$ (also eine Funktion $f(x, y, z)$), so ist das skalare Oberflächenintegral z. B. die Masse bzw. die Ladung der Fläche S mit der Massendichte bzw. der Ladungsdichte $f(\vec{r})$.

Das skalare Oberflächenintegral wird auch als *Flächenintegral erster Art* bezeichnet.

- ***Vektorielles*** **Oberflächenintegral einer vektorwertigen Funktion:**

$$\iint_S \vec{F}(\vec{r}) \bullet d\vec{S} = \iint_S \vec{F}(\vec{r}) \bullet \vec{n}\, dS = \iint_D \vec{F}\left(\vec{r}(u,v)\right) \bullet \left(\vec{r}_u \times \vec{r}_v\right) du\, dv \qquad (2.71)$$

Das Ergebnis ist ein Skalar. Das vektorielle Oberflächenintegral wird auch als *Flächenintegral zweiter Art* oder als *orientiertes Oberflächenintegral* bezeichnet.

Um hervorzuheben, dass die Summe über eine Fläche gebildet wird, werden üblicherweise zwei Integralzeichen verwendet. Handelt es sich um eine geschlossene Oberfläche (also die gesamte Oberfläche eines Volumens), so wird in der Mitte der Integralzeichen ein Kreis dargestellt: $\oiint$. Dieses Integral wird als **Hüllenintegral** bezeichnet.

Die Werte der definierten Oberflächenintegrale sind unabhängig von der gewählten Parametrisierung.

Das vektorielle Oberflächenintegral kann anschaulich als Fluss Φ eines Vektorfeldes $\vec{F}$ durch die Fläche S interpretiert werden. Die Größe $\vec{F} \bullet d\vec{S}$ gibt an, welchen Beitrag zum Gesamtfluss der infinitesimal kleine Oberflächenvektor $d\vec{S} = \vec{n}\, dS$ liefert, wie viel von $\vec{F}$ durch das Oberflächenstück dF fließt. Der Fluss ist maximal, wenn das Vektorfeld parallel zur Flächennormalen steht, und null, wenn das Vektorfeld senkrecht zur Flächennormalen steht, also tangential zur Oberfläche. Das Vektorfeld fließt dann entlang der Oberfläche, aber nicht durch sie hindurch.

Oberflächenintegrale, bei denen die „Strömung“ eines Vektorfeldes durch eine Fläche berechnet wird, werden **Flussintegrale** genannt. Wie erwähnt ist bei gleicher Orientierung des Normalenvektors das Flussintegral unabhängig von der gewählten Parametrisierung. Bei Umkehrung der Normalenrichtung wechselt das Vorzeichen des Integrals. Die Orientierung der Fläche legt die Richtung des Normalenvektors und damit den Bezugssinn des Flusses fest. Geschlossene Flächen werden üblicherweise so orientiert, dass der Normalenvektor nach außen zeigt. Mit dem Flussintegral kann z. B. die gesamte Stoffmenge berechnet werden, die mit konstanter Geschwindigkeit pro Zeiteinheit durch eine Fläche S fließt.

Beispiel 56

Gesucht ist der Flächeninhalt einer Halbkugel mit dem Radius R.

Lösung:

Mit der Parametrisierung nach Gl. (2.65) folgt für die Tangentenvektoren:

$$\vec{r}_u = \begin{pmatrix} R\cdot\cos(u)\cdot\cos(v) \\ R\cdot\cos(u)\cdot\sin(v) \\ -R\cdot\sin(u) \end{pmatrix};\ \vec{r}_v = \begin{pmatrix} -R\cdot\sin(u)\cdot\sin(v) \\ R\cdot\sin(u)\cdot\cos(v) \\ 0 \end{pmatrix}$$

$$\vec{r}_u \times \vec{r}_v = R^2\cdot\begin{pmatrix} \sin^2(u)\cdot\cos(v) \\ \sin^2(u)\cdot\sin(v) \\ \cos(u)\cdot\sin(u)\cdot\cos^2(v)+\cos(u)\cdot\sin(u)\cdot\sin^2(v) \end{pmatrix}$$

$$\vec{r}_u \times \vec{r}_v = R^2\cdot\begin{pmatrix} \sin^2(u)\cdot\cos(v) \\ \sin^2(u)\cdot\sin(v) \\ \cos(u)\cdot\sin(u) \end{pmatrix}$$

$$\left|\vec{r}_u \times \vec{r}_v\right| = R^2\cdot\sqrt{\sin^4(u)\cdot\cos^2(v)+\sin^4(u)\cdot\sin^2(v)+\cos^2(u)\cdot\sin^2(u)}$$

$$\left|\vec{r}_u \times \vec{r}_v\right| = R^2\cdot\sqrt{\sin^2(u)\cdot\left(\sin^2(u)+\cos^2(u)\right)} = R^2\cdot\sin(u)$$

Für das Flächenstück der Halbkugel im Parameterbereich $u=[0,\pi/2]$, $v=[0,2\pi]$ folgt:

$$\iint_S dS = \iint_D \left|\vec{r}_u \times \vec{r}_v\right| du\,dv = \int_{v=0}^{2\pi}\int_{u=0}^{\pi/2} R^2\cdot\sin(u)\,du\,dv = R^2\cdot\int_{v=0}^{2\pi}\left[-\cos(u)\right]_{u=0}^{\pi/2} dv =$$

$$= R^2\cdot\int_{v=0}^{2\pi} dv = R^2\cdot[v]_{v=0}^{2\pi} = \underline{\underline{2\cdot\pi\cdot R^2}}$$

Beispiel 57

Zu bestimmen ist die Oberfläche eines geraden Kreiszylinders mit dem Radius r und der Höhe h ohne Deckflächen.

Lösung:

Nach Abschnitt 1.8.4 ist die Darstellung des Kreiszylinders in Zylinderkoordinaten

$$\vec{r}(\varphi,z)=\begin{pmatrix}\rho\cdot\cos(\varphi)\\ \rho\cdot\sin(\varphi)\\ z\end{pmatrix}\text{ mit } r=\rho,\ 0\le\varphi\le 2\pi \text{ und } 0\le z\le h$$

Die Tangentenvektoren und der Betrag des Kreuzproduktes sind:

$$\vec{r}_\varphi=\begin{pmatrix}\rho\cdot-\sin(\varphi)\\ \rho\cdot\cos(\varphi)\\ 0\end{pmatrix};\ \vec{r}_z=\begin{pmatrix}0\\0\\1\end{pmatrix};\ \vec{r}_\varphi\times\vec{r}_z=\begin{pmatrix}\rho\cdot\cos(\varphi)\\ \rho\cdot\sin(\varphi)\\ 0\end{pmatrix}$$

$$\left|\vec{r}_\varphi\times\vec{r}_z\right|=\sqrt{\rho^2\cdot\cos^2(\varphi)+\rho^2\cdot\sin^2(\varphi)}=\rho$$

Die Oberfläche berechnet sich zu:

$$\iint_S dS=\int_0^h\int_0^{2\pi}\left|\vec{r}_\varphi\times\vec{r}_z\right|dz\,d\varphi=\int_0^h\int_0^{2\pi}\rho\,dz\,d\varphi=\underline{\underline{2\cdot\pi\cdot\rho\cdot h}}$$

Beispiel 58

Eine Schale wird durch die Angabe von zwei Größen beschrieben. Die eine Größe ist die Dicke h der Schale, wobei sich im allgemeinen Fall die Dicke in Abhängigkeit vom Ort $\vec{r}$ der Schalenfläche ändern kann: $h=h(\vec{r})$. Die zweite Größe ist die Mittelfläche S, welche an jeder Stelle der Schale durch die Mitte der der dort vorhandenen Dicke verläuft. Ist $\rho(\vec{r})$ die Massendichte in $\mathrm{kg/m^3}$, so ist die Masse pro Fläche $\sigma(\vec{r})=h(\vec{r})\cdot\rho(\vec{r})$ in $\mathrm{kg/m^2}$.

Ist $\vec{r}(u,v)$ eine Parameterdarstellung der Mittelfläche S, so berechnet sich die Masse m der Schale zu

$$m=\iint_S\sigma(\vec{r})\,dS=\iint_D\sigma\left(\vec{r}(u,v)\right)\left|\vec{r}_u\times\vec{r}_v\right|du\,dv.$$

Beispiel 59

Die Fläche S ist in Parameterdarstellung durch den folgenden Ortsvektor gegeben:

$$\vec{r}(u,v)=\begin{pmatrix} u^2 \\ u+v \\ v^2 \end{pmatrix},\ 0\le u,v\le 1$$

Der Fluss des Vektorfeldes

$$\vec{F}(x,y,z)=\begin{pmatrix} x \\ 1 \\ yz \end{pmatrix}$$

durch die Fläche S ist zu berechnen.

Lösung:

Die partiellen Ableitungen in u- und v-Richtung sind

$$\vec{r}_u=\begin{pmatrix} 2u \\ 1 \\ 0 \end{pmatrix},\ \vec{r}_v=\begin{pmatrix} 0 \\ 1 \\ 2v \end{pmatrix}$$

Das Kreuzprodukt ist

$$\vec{r}_u\times\vec{r}_v=\begin{pmatrix} 2v \\ -4uv \\ 2u \end{pmatrix}$$

Für das Flussintegral ergibt sich

$$\iint\limits_S \vec{F}(\vec{r})\bullet d\vec{S}=\iint\limits_D \vec{F}\left(\vec{r}(u,v)\right)\bullet\left(\vec{r}_u\times\vec{r}_v\right)du\,dv=\int\limits_0^1\int\limits_0^1\begin{pmatrix} u^2 \\ 1 \\ uv^2+v^3 \end{pmatrix}\bullet\begin{pmatrix} 2v \\ -4uv \\ 2u \end{pmatrix}du\,dv=$$

$$=\int\limits_0^1\int\limits_0^1\left(2u^2v-4uv+2u^2v^2+2uv^3\right)du\,dv=\int\limits_0^1\left[\frac{2}{3}u^3v-2u^2v+\frac{2}{3}u^3v^2+u^2v^3\right]_0^1 dv=$$

$$=\int\limits_0^1\left(-\frac{4}{3}v+\frac{2}{3}v^2+v^3\right)dv=\left[-\frac{2}{3}v^2+\frac{2}{9}v^3+\frac{1}{4}v^4\right]_0^1=\underline{\underline{-\frac{7}{36}}}$$

Dieses Ergebnis kann in Maple mit wenigen Befehlen direkt berechnet werden:

> restart; with(Student[VectorCalculus]):
> *Flux*(*VectorField* (< *x*, 1, *y*×*z* >), *Surface* (< *u*², *u* + *v*, *v*² >, *u* = 0..1, *v* = 0..1));

Ausgabe von Maple: $-\frac{7}{36}$

Um sich den Fluss des Vektorfeldes durch die Fläche besser vorstellen zu können, wird die Fläche S und das Vektorfeld $(x,1,yz)^{\mathrm{T}}$ mit Maple grafisch dargestellt.

```
> restart; with(plots): with(Student[VectorCalculus]):
> plot3d ([u^2, u + v, v^2], u = 0..5, v = 0..5,
  grid = [11,11], axes = normal, labels = [x, y, z],
  tickmarks = [7, 7, 7], shading = zgreyscale);
> fieldplot3d ([x, 1, y×z], x = 0..25, y = 0..10, z = 0..25,
  axes = normal, color = black, grid = [5, 5, 5], tickmarks = [7,7,7],
  arrows = `3-D`, fieldstrength = average (0.15));
```

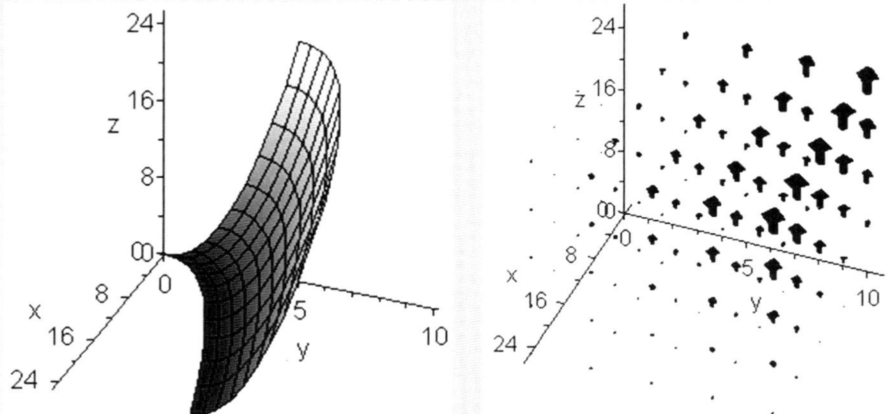

Abb. 24: Grafische Darstellung der Fläche S (links) und des Vektorfeldes (rechts) von Beispiel 59

Beispiel 60

Das Geschwindigkeitsfeld einer im dreidimensionalen Raum strömenden Flüssigkeit ist gegeben durch

$$\vec{F} = \begin{pmatrix} -z^2 \\ -xz \\ y^3 \end{pmatrix}$$

Gesucht ist die Flüssigkeitsmenge, welche pro Zeiteinheit durch folgende Fläche fließt:

$$S = \{(x,y,z) : x \in [0,1] \wedge y \in [0,1] \wedge z = x^2 y\}$$

Lösung:

Die Fläche S wird parametrisiert

$$\vec{r}(x,y)=\begin{pmatrix} x \\ y \\ x^2 y \end{pmatrix}$$

Die partiellen Ableitungen in x- und y-Richtung sind:

$\vec{r}_x=\begin{pmatrix} 1 \\ 0 \\ 2xy \end{pmatrix}$, $\vec{r}_y=\begin{pmatrix} 0 \\ 1 \\ x^2 \end{pmatrix}$. Das Kreuzprodukt ist $\vec{r}_x \times \vec{r}_y=\begin{pmatrix} -2xy \\ -x^2 \\ 1 \end{pmatrix}$.

Mit dem parametrisierten Vektorfeld $\vec{F}=\begin{pmatrix} -x^4y^2 \\ -x^3y \\ y^3 \end{pmatrix}$ ist das Skalarprodukt:

$$\vec{F}\bullet\left(\vec{r}_x\times\vec{r}_y\right)=\begin{pmatrix} -x^4y^2 \\ -x^3y \\ y^3 \end{pmatrix}\bullet\begin{pmatrix} -2xy \\ -x^2 \\ 1 \end{pmatrix}=2x^5y^3+x^5y+y^3$$

Für das Flussintegral ergibt sich:

$$\iint_S \vec{F}\bullet d\vec{S}=\int_{x=0}^{1}\int_{y=0}^{1}\left(2x^5y^3+x^5y+y^3\right)dy\,dx=\int_{x=0}^{1}\left[2x^5\frac{1}{4}y^4+x^5\frac{1}{2}y^2+\frac{1}{4}y^4\right]_0^1 dx=$$

$$=\int_0^1\left(x^5+\frac{1}{4}\right)dx=\left[\frac{1}{6}x^6+\frac{1}{4}x\right]_0^1=\underline{\underline{\frac{5}{12}}}$$

Der Fluss des Vektorfeldes wird zusammen mit der durchflossenen Fläche mit Maple grafisch dargestellt. Es folgen grundlegende Befehle in Maple, der Graph wird mit der rechten Maustaste verändert:

```
> restart; with(plots): with(Student[VectorCalculus]):

> f1 := plot3d([x, y, x^2 × y], x = 0..1, v = 0..1,
  grid = [11,11], axes = normal, labels = [x, y, z],
  tickmarks = [7, 7, 7], shading = zgreyscale):

> f2 := fieldplot3d([-z^2, -x × z, y^3], x = 0..1, y = 0..1, z = 0..1,
  axes = normal, color = black, grid = [5, 5, 5], tickmarks = [7,7,7],
  arrows = `3-D`, fieldstrength = maximal (0.5)):

> display( [f1, f2] );
```

Berechnung des Flusses in Maple:

$> Flux(VectorField(<-z^2, -x\cdot z, y^3>), Surface(<x, y, x^2\cdot y>, x = 0..1, y = 0..1));$

Ausgabe von Maple: $\frac{5}{12}$

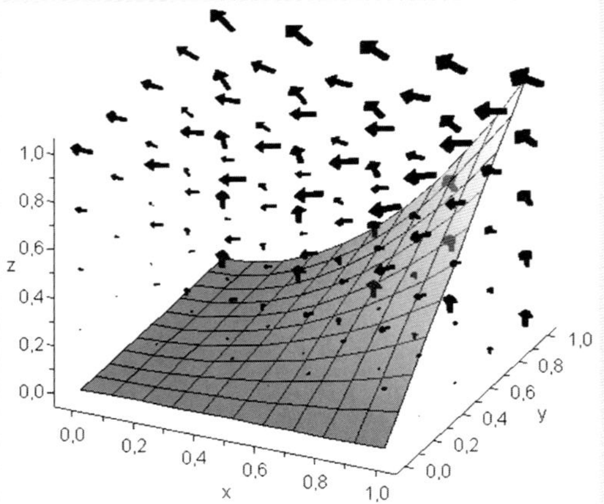

Abb. 25: Grafische Darstellung der Fläche S zusammen mit dem Vektorfeld von Beispiel 60

Beispiel 61

Der Fluss des Vektorfeldes $\vec{F} = \begin{pmatrix} y \\ x \\ z^2 \end{pmatrix}$ durch die Mantelfläche eines Zylinders mit dem Radius $r = 5$ und der Höhe $h = 10$ ist zu berechnen.

Lösung:

Wie in Beispiel 57 ist das Kreuzprodukt

$$\vec{r}_\varphi \times \vec{r}_z = \begin{pmatrix} 5 \cdot \cos(\varphi) \\ 5 \cdot \sin(\varphi) \\ 0 \end{pmatrix}.$$

Die Darstellung des Kreiszylinders in Zylinderkoordinaten in Beispiel 57 ist

$$\vec{r}(\varphi, z) = \begin{pmatrix} \rho \cdot \cos(\varphi) \\ \rho \cdot \sin(\varphi) \\ z \end{pmatrix} \text{ mit } r = \rho,\ 0 \le \varphi \le 2\pi \text{ und } 0 \le z \le h$$

Es folgt die Berechnung des Integranden:

$$\vec{F}\bullet(\vec{r}_x\times\vec{r}_y)=\begin{pmatrix}y\\x\\z^2\end{pmatrix}\bullet\begin{pmatrix}5\cdot\cos(\varphi)\\5\cdot\sin(\varphi)\\0\end{pmatrix}=\begin{pmatrix}5\cdot\sin(\varphi)\\5\cdot\cos(\varphi)\\100\end{pmatrix}\bullet\begin{pmatrix}5\cdot\cos(\varphi)\\5\cdot\sin(\varphi)\\0\end{pmatrix}=$$

$$=25\cdot\sin(\varphi)\cdot\cos(\varphi)+25\cdot\sin(\varphi)\cdot\cos(\varphi)=50\cdot\sin(\varphi)\cdot\cos(\varphi)=25\cdot\sin(2\varphi)$$

Integration:

$$\iint_S \vec{F}\bullet d\vec{S}=\int_0^{2\pi}\int_0^{10}25\cdot\sin(2\varphi)\,dz\,d\varphi;$$

$$\int_0^{10}25\cdot\sin(2\varphi)\,dz=25\cdot\sin(2\varphi)\cdot[z]_0^{10}=50\cdot\sin(2\varphi)$$

$$\int_0^{2\pi}50\cdot\sin(2\varphi)\,d\varphi=50\cdot\left[-\frac{1}{2}\cdot\cos(2\varphi)\right]_0^{2\pi}=-25\cdot(1-1)=\underline{\underline{0}}$$

Der Fluss ist also $\underline{\underline{\iint_S \vec{F}\bullet d\vec{S}=0.}}$

Wie in folgender Abbildung ersichtlich, war dieses Ergebnis zu erwarten, da das gesamte Vektorfeld parallel zur Mantelfläche des Zylinders und nicht durch sie hindurch gerichtet ist.

Die Befehle in Maple sind (der Plot wird mit der rechten Maustaste verändert):

```
> restart; with(plots): with(Student[VectorCalculus]): with(plottools):
> g1 := fieldplot3d ([y, x, z^2], x = –5..5, y = –5..5, z = 0..10,
  axes = normal, color = black, grid = [5, 5, 5], tickmarks = [7,7,7],
  arrows = `3-D`, fieldstrength = maximal (0.5)):
> g2 := cylinder([0,0,0], 5,10):
> display([g1, g2]);
```

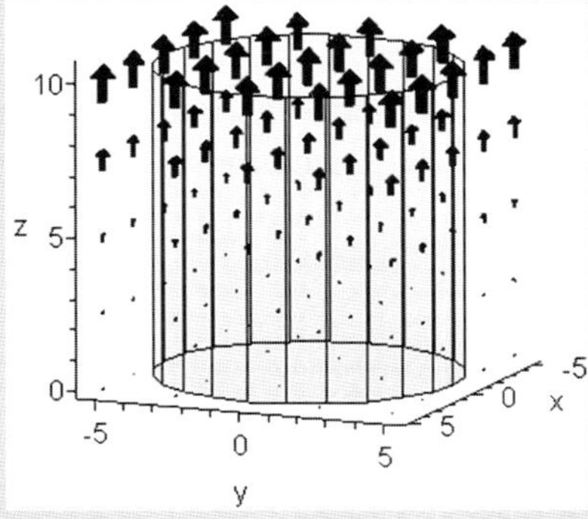

Abb. 26: Zu Beispiel 61, der Fluss durch die Mantelfläche des Zylinders ist null

2.7.6 Volumenintegral (Raumintegral, Dreifachintegral)

Das Volumenintegral ist eine Erweiterung des bestimmten Integrals auf drei unabhängige Variablen und somit auf ein dreidimensionales Integrationsgebiet. Man spricht daher auch vom Raumintegral.

Das Dreifachintegral einer Funktion $f(x,y,z)$ von drei Variablen über einen dreidimensionalen Bereich, den Raumteil V, erfolgt in Analogie zur Definition des Doppelintegrals:

$$\int_V f(x,y,z)\,dV = \iiint_V f(x,y,z)\,dx\,dy\,dz \qquad f(x,y,z) \text{ stetig auf } V \tag{2.72}$$

Der Begriff des Dreifachintegrals hat keine geometrische Deutung. Dies bedeutet, es gibt keine anschauliche Interpretation als Fläche oder Volumen, da uns die Integration jeweils eine Dimension höher führt und wir daher das Integral in einem vierdimensionalen Raum anschaulich zu interpretieren hätten.

Für $f(x,y,z)=1$ ergibt das Dreifachintegral das Volumen des räumlichen Bereiches V.

$$V = \iiint_V dx\,dy\,dz \tag{2.73}$$

Für einen rechteckigen räumlichen Bereich $a \le x \le b,\ c \le y \le d,\ e \le z \le f$ ist das Volumen V des Quaders ein Produkt von drei gewöhnlichen Integralen:

$$V = \iiint_V dx\,dy\,dz = \int_a^b dx \int_c^d dy \int_e^f dz = (b-a)\cdot(d-e)\cdot(f-e) \tag{2.74}$$

Die Reihenfolge der Integration ist die Reihenfolge der Differenziale. Die Reihenfolge der Integration ist nur dann vertauschbar, wenn sämtliche Integrationsgrenzen konstant sind. Bei Vertauschen der Integrationsreihenfolge müssen die Integrationsgrenzen jeweils neu berechnet werden. Bei jeder Integration werden alle anderen Variablen als Konstante betrachtet.

Liegt die Funktion von drei Variablen $f(x,y,z)$ statt in kartesischen Koordinaten in Zylinder- oder Kugelkoordinaten vor, so wird die Berechnung des Dreifachintegrals oft erheblich vereinfacht.

Beispiel 62

Die Dichte eines Stoffes in einem Raumgebiet ist gegeben durch $\rho(x,y,z)$. Die Masse eines infinitesimalen Volumenelementes mit den Koordinaten (x,y,z) ist

$$\Delta m = \rho(x,y,z)\cdot\Delta x\cdot\Delta y\cdot\Delta z.$$

Die gesamte Masse des räumlichen Bereiches ist

$$m = \iiint_V \rho(x,y,z)\,dx\,dy\,dz.$$

Ist die Dichte im gesamten Raumgebiet gleich groß, so gilt für

$\rho(x,y,z) = \rho_0 = \text{const.}$:

$$m = \rho_0\cdot\iiint_V dx\,dy\,dz = \underline{\underline{\rho_0\cdot V}}$$

2.8 Integralsätze von Gauß, Stokes und Green

Nach dem Hauptsatz der Integralrechnung hängt der Wert eines gewöhnlichen Integrals nur von den Werten der Stammfunktion an den Grenzen des Integrationsintervalls ab:

$$\int_a^b f(x)\,dx = F(b) - F(a) \quad \text{mit}\, f(x) = \frac{dF}{dx} \tag{2.75}$$

Für Mehrfachintegrale gibt es Integralsätze, die in ähnlicher Weise Zusammenhänge zwischen den Integralen über Gebiete und den Integralen über die Ränder der entsprechende Gebiete herstellen. Mit diesen Integralsätzen wird die Beziehung zwischen Kurvenintegralen, Oberflächenintegralen und Raumintegralen hergestellt. Sie verknüpfen die lokalen Größen Divergenz und Rotation mit allgemeinen Größen.

2.8.1 Integralsatz von Gauß

Der Integralsatz von Gauß[1] stellt einen Zusammenhang her zwischen dem Volumenintegral über die Divergenz eines Vektorfeldes und dem Oberflächenintegral dieses Vektorfeldes über die Hüllfläche des betrachteten Volumens. Dieser Satz erlaubt eine anschauliche Interpretation der Divergenz (er wird deshalb auch als *Divergenzsatz* bezeichnet) und ermöglicht sehr praktische Umformungen von Integralen.

1 Der Integralsatz von Gauß wird auch Satz von Gauß-Ostrogradski genannt, da er von diesen beiden Mathematikern unabhängig voneinander gefunden wurde.

Es sei $\vec{F}$ ein stetig partiell differenzierbares Vektorfeld und V ein räumlicher Bereich mit der geschlossenen Oberfläche S (S = Hüllfläche, die das Volumen umschließt). Die Parametrisierung der Hüllfläche sei so gewählt, dass die Flächennormale überall aus dem Bereich V heraus weist. Das nach außen gerichtete vektorielle Flächenelement ist $d\vec{S}$. Dann gilt:

$$\iiint_V \operatorname{div}\left(\vec{F}\right) dV = \oiint_S \vec{F} \bullet d\vec{S} \tag{2.76}$$

Der Integralsatz von Gauß in Worten: Das Volumenintegral über die Divergenz eines Vektorfeldes $\vec{F}$ in einem Volumen V ist gleich dem Oberflächenintegral dieses Vektorfeldes über die Hüllfläche S des Volumens (und somit gleich dem Fluss des Vektorfeldes durch die geschlossene Hüllfläche S des Volumens).

Mathematisch bedeutet dies, dass ein Oberflächenintegral eines Vektorfeldes über eine geschlossene Oberfläche eines Volumens in ein Volumenintegral über die Divergenz des Vektorfeldes umgewandelt werden kann und umgekehrt.

Wie nachfolgend gezeigt wird, handelt es sich beim Satz von Gauß um eine Bilanzgleichung.

In Abschnitt 2.5.3.3 wurde die Divergenz eines Vektorfeldes als seine Quelldichte eingeführt. Betrachtet man die Fluss-Bilanz (vergleichende Gegenüberstellung der ein- und ausströmenden Flüssigkeitsmenge) über die Oberfläche eines dreidimensionalen Bereiches V, so ist aus physikalischen Gründen anschaulich verständlich, dass der Überschuss des austretenden Flusses über den eintretenden Fluss die gesamte Quellstärke (Divergenz) im Inneren des Bereiches wiedergibt. Der Fluss durch die Oberfläche eines Volumens ist also gleich der Summe der Quellstärken im Volumen. Was im Volumen an Feld entsteht (und durch die Divergenz beschrieben wird), strömt durch die Oberfläche hinaus.

Nehmen wir wegen der Anschaulichkeit wieder an, das Vektorfeld $\vec{F}$ ist das Geschwindigkeitsfeld einer strömenden (inkompressiblen) Flüssigkeit im Volumen V. Wenn insgesamt Flüssigkeit aus V herausfließt, so deshalb, weil im Inneren von V zusätzlich zum Strömungsvorgang Flüssigkeit „produziert" wird. Diese Produktion erfolgt mit örtlich variabler Intensität (unterschiedliche Produktion pro Flächen- und Zeiteinheit) und wird lokal durch die Quellstärke $\operatorname{div}\left(\vec{F}\right)$ beschrieben. Die linke Seite von Gl. (2.76) ist das Integral über diese Quellstärken in V und entspricht der pro Zeiteinheit in V insgesamt erzeugten oder vernichteten Flüssigkeitsmenge. Die rechte Seite von Gl. (2.76) ist ein Hüllenintegral und besagt, dass diese Flüssigkeitsmenge in der gleichen Zeiteinheit durch die geschlossene Hüllfläche S fließt. In Abschnitt 2.7.5.4 wurde erwähnt, dass das Flussintegral über eine Fläche S die pro Zeiteinheit durch die Fläche transportierte Stoffmenge ergibt. Das Hüllenintegral gibt somit

Auskunft darüber, welche Stoffmenge im Inneren des umhüllten Gebietes pro Zeiteinheit erzeugt oder vernichtet wird. Die rechte Seite von Gl. (2.76) wird deshalb auch als *Ergiebigkeit* oder *Quellstärke* des Gebietes V bezeichnet.

Ist das Vektorfeld quellenfrei ($\operatorname{div}\left(\vec{F}\right)=0$), so ist der Gesamtfluss durch die Hüllfläche S gleich null, die in das Volumen V ein- und austretenden Flüssigkeitsmengen sind dann gleich.

Der Satz von Gauß verknüpft also die Quellen und Senken eines Feldes im Inneren eines Volumens mit den Eigenschaften des Feldes auf der Oberfläche des Volumens.

Dieser Integralsatz hat eine völlig anschauliche Bedeutung: Alles, was aus einem Bereich V mehr abfließt als zufließt, muss dort in Quellen entstehen (oder im umgekehrten Fall in Senken verschwinden). Für den Fall, dass in V weder Quellen noch Senken vorhanden sind, lässt sich das kurz und prägnant formulieren: Fluss rein = Fluss raus.

Anwendung findet der Satz von Gauß z. B. in der Elektrostatik und Elektrodynamik sowie bei der *Kontinuitätsgleichung* für *Erhaltungsgrößen*. Erhaltungsgrößen sind z. B. Energie, elektrische Ladung, Impuls, Masse, also mengenartige Größen, die beim Ablauf irgend eines Vorgangs erhalten bleiben und weder erzeugt noch vernichtet werden können.

Der Satz von Gauß in der Ebene

$$\iint_S \operatorname{div}\left(\vec{F}\right) dS = \oint_C \vec{F} \bullet \vec{n}\, ds \tag{2.77}$$

$\vec{F}$ = Vektorfeld, S = ebene Oberfläche, C = geschlossene Randkurve der Oberfläche mit einer Parametrisierung, dass beim Durchlaufen der Kurve die Fläche S „links“ von C liegt (Umlaufen der Fläche im Gegenuhrzeigersinn, Rechtssystem), $\vec{n}$ = senkrecht außen auf C stehender Vektor (äußere Normale von S bzw. der Randkurve C)

In Worten: Der Fluss von $\vec{F}$ über C nach außen ist gleich dem Integral der Divergenz $\operatorname{div}\left(\vec{F}\right)$ über das Innere von S.

Statt $\oint_C$ wird in Gl. (2.77) häufig $\oint_{\partial S}$ geschrieben, wobei ∂S den Rand von S symbolisiert.

Mit $\vec{n}\, ds = \begin{pmatrix} dy \\ -dx \end{pmatrix}$ und mit $\vec{F} = \begin{pmatrix} F_1(x,y) \\ F_2(x,y) \end{pmatrix}$ ist Gl. (2.77) in Komponenten

$$\iint_S \left(\frac{\partial F_1}{dx} + \frac{\partial F_2}{dy} \right) dS = \oint_C \left(F_1\, dy - F_2\, dx \right) \tag{2.78}$$

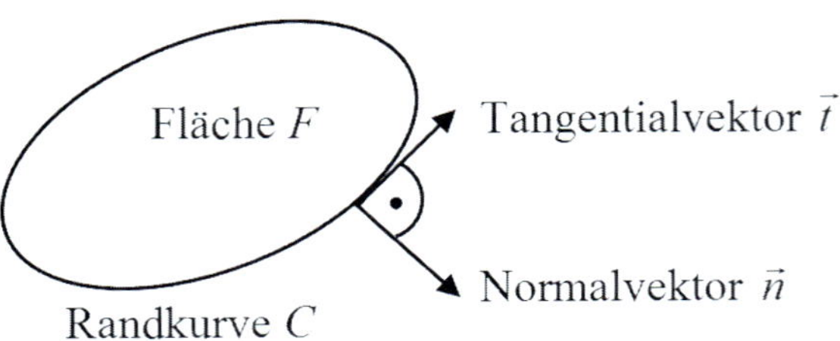

Abb. 27: Zum Satz von Gauß in der Ebene

Varianten des Integralsatzes von Gauß

Sei V ein regulärer Bereich, der durch eine Fläche S mit nach außen orientiertem vektoriellen Flächenelement $d\vec{S}$ berandet wird. Dann gelten für ein Skalarfeld f und ein Vektorfeld $\vec{F}$ die Beziehungen:

$$\iiint_V \operatorname{grad}(f)\, dV = \iint_S f\, d\vec{S} \tag{2.79}$$

$$\iiint_V \operatorname{rot}(\vec{F})\, dV = -\iint_S \vec{F} \times d\vec{S} \tag{2.80}$$

Beispiel 63

Satz von Gauß in der Ebene: Wie groß ist der Fluss Φ des Vektorfeldes $\vec{F}(x,y) = \begin{pmatrix} x \\ y \end{pmatrix}$ über eine Kreisfläche mit dem Zentrum im Ursprung und dem Radius $R = 2$?

Lösung:

Zuerst erfolgt die Berechnung über das Oberflächenintegral (linke Seite von Gl. (2.77)). Die Divergenz des Vektorfeldes ist

$$\operatorname{div}(\vec{F}) = \frac{\partial(x)}{\partial x} + \frac{\partial(y)}{\partial y} = 1 + 1 = 2$$

Die Mittelpunktsgleichung des Kreises ist $x^2 + y^2 = R^2$. Aufgelöst nach x: $x = \pm\sqrt{R^2 - y^2}$.

Berechnung des Flusses Φ in kartesischen Koordinaten:

$$\Phi = \iint_S \operatorname{div}(\vec{F})\, dS = \int_{-2}^{2} \int_{-\sqrt{4-y^2}}^{\sqrt{4-y^2}} 2 \cdot dx\, dy$$

$$\Phi = 2 \cdot \int_{-2}^{2} [x]_{-\sqrt{4-y^2}}^{\sqrt{4-y^2}} dy = 2 \cdot 2 \cdot \int_{-2}^{2} \sqrt{4-y^2}\, dy = 4 \cdot \left[\frac{y}{2} \cdot \sqrt{4-y^2} + 2 \cdot \arcsin\left(\frac{y}{2}\right) \right]_{-2}^{2} =$$

$$= 4 \cdot \left[0 + 2 \cdot \frac{\pi}{2} - \left(0 + 2 \cdot \left(-\frac{\pi}{2} \right) \right) \right] = 4 \cdot 2\pi = \underline{\underline{8 \cdot \pi}}$$

Mit den Polarkoordinaten R, φ des Kreises ist die Bestimmung des Integrals einfacher.

$$\Phi = \iint_S \operatorname{div}\left(\vec{F}\right) dS = \int_0^{2\pi} \int_0^2 2 \cdot dr\, d\varphi = 2 \cdot \int_0^{2\pi} 2 \cdot d\varphi = 4 \cdot 2 \cdot \pi = \underline{\underline{8 \cdot \pi}}$$

Nun erfolgt die Berechnung mit Hilfe der rechten Seite von Gl. (2.77).

Eine Parameterdarstellung des Kreises ist:

$$r(\vec{t}) = \begin{pmatrix} R \cdot \cos(t) \\ R \cdot \sin(t) \end{pmatrix}, \; t \in [0, 2\pi]$$

Der Tangentialvektor an den Kreis ist:

$$\frac{d\vec{r}(t)}{dt} = \begin{pmatrix} -R \cdot \sin(t) \\ R \cdot \cos(t) \end{pmatrix}$$

Der Normalvektor an den Kreis ist:

$$\vec{n}(t) = \begin{pmatrix} R \cdot \cos(t) \\ R \cdot \sin(t) \end{pmatrix}$$

$\vec{F}$ als Funktion des Parameters t: $\vec{F}(t) = \begin{pmatrix} R \cdot \cos(t) \\ R \cdot \sin(t) \end{pmatrix}$.

Skalarprodukt:

$$\vec{F} \bullet \frac{d\vec{r}}{dt} = \begin{pmatrix} R \cdot \cos(t) \\ R \cdot \sin(t) \end{pmatrix} \bullet \begin{pmatrix} R \cdot \cos(t) \\ R \cdot \sin(t) \end{pmatrix} = R^2 \cdot \cos^2(t) + R^2 \cdot \sin^2(t) = R^2$$

$$\Phi = \int_{t=0}^{2\pi} R^2 dt = R^2 \cdot [t]_0^{2\pi} = R^2 \cdot 2 \cdot \pi = \underline{\underline{8 \cdot \pi}}$$

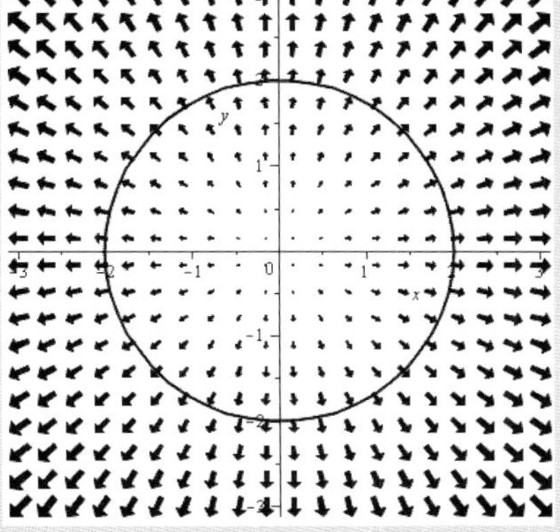

Abb. 28: Grafische Darstellung von Vektorfeld und Randkurve von Beispiel 63

Die Befehle für den Plot von Abb. 28 und zur unmittelbaren Berechnung des Flusses in Maple sind:

```
> restart;
> with(plots): with(plottools): with(Student[VectorCalculus]):
> f1:= fieldplot ([x,y], x= –3..3, y= –3..3, grid=[20,20], arrows = thick):
> f2:= circle ([0, 0], 2, thickness = 2):
> display ([f1, f2]);
> Flux(VectorField (<x,y>, cartesian[x,y]), Circle (<0, 0>, 2, 'outword'));
```

Ausgabe von Maple: 8π

Beispiel 64

Wie groß ist der Fluss Φ des Vektorfeldes $\vec{F} = \begin{pmatrix} xz \\ yz \\ x^2 + y^2 \end{pmatrix}$ durch die Oberfläche eines Quaders, der durch folgende Flächen begrenzt wird:

$x = 0$ (yz-Ebene)

$x = a$ (Ebene parallel zur yz-Ebene mit dem Abstand a in x-Richtung)

$y = 0$ (xz-Ebene)

$y = b$ (Ebene parallel zur xz-Ebene mit dem Abstand b in y-Richtung)

$z = 0$ (xy-Ebene)

$z = h$ (Ebene parallel zur xy-Ebene mit dem Abstand h in z-Richtung)

Lösung:

Der Fluss durch die Oberfläche des Quaders müsste mit sechs Integralen berechnet werden. Mit dem Satz von Gauß erhält man viel schneller:

$$\operatorname{div}\begin{pmatrix} xz \\ yz \\ x^2 + y^2 \end{pmatrix} = z + z + 0 = 2z$$

$$\iiint_V \operatorname{div}\left(\vec{F}\right) dV = \int_{x=0}^{a} \int_{y=0}^{b} \int_{z=0}^{h} 2z\, dz\, dy\, dx = \int_{x=0}^{a} \int_{y=0}^{b} \left[z^2\right]_0^h dy\, dx = h^2 \cdot \int_{x=0}^{a} \left[y\right]_0^b dx =$$

$$= b \cdot h^2 \cdot \left[x\right]_0^a = \underline{\underline{a \cdot b \cdot h^2}}$$

Beispiel 65

Wie groß ist der Fluss Φ des Vektorfeldes $\vec{F} = \begin{pmatrix} yz + x \\ 4y^2 \\ 1 \end{pmatrix}$ pro Zeiteinheit aus dem durch folgende Flächen begrenzten Raumgebiet: $0 \le x \le 1$, $0 \le y \le (2-x)$, $0 \le z \le (y + x^2)$?

Lösung:

$\operatorname{div}(\vec{F}) = 1 + 8y$

Da die Variable z von den beiden anderen Variablen abhängt, muss sie als Variable im innersten Integral stehen. Die Variable x ist von den beiden anderen Variablen unabhängig und steht daher in dem Integral ganz außen.

$$\Phi = \int_{x=0}^{1} \int_{y=0}^{2-x} \int_{z=0}^{y+x^2} (1+8y)\, dz\, dy\, dx = \int_{x=0}^{1} \int_{y=0}^{2-x} \Big[(1+8y)\cdot z\Big]_{z=0}^{y+x^2} dy\, dx =$$

$$= \int_{x=0}^{1} \int_{y=0}^{2-x} \left(y + x^2 + 8y^2 + 8yx^2\right) dy\, dx = \int_{x=0}^{1} \left[\frac{y^2}{2} + x^2 y + \frac{8}{3} y^3 + \frac{8}{2} x^2 y^2\right]_{y=0}^{2-x} =$$

$$= \int_{x=0}^{1} \left(4x^4 - \frac{59}{3} x^3 + \frac{69}{2} x^2 - 34x + \frac{70}{3}\right) dx = \frac{4}{5} - \frac{59}{12} + \frac{69}{6} - \frac{34}{2} + \frac{70}{3} = \underline{\underline{\frac{823}{60}}}$$

Überprüfung mit Maple:

```
> restart: with(Student[VectorCalculus]):
> Fluss := int ((1 + 8×y), [x, y, z] = Region (0..1, 0..2 – x, 0..y + x^2), 'inert');
```

Ausgabe von Maple: $Fluss := \int_0^1 \int_0^{2-x} \int_0^{y+x^2} (1+8y)\, dz\, dy\, dx$

```
> Fluss := int ((1 + 8×y), [x, y, z] = Region (0..1, 0..2 – x, 0..y + x^2));
```

Ausgabe von Maple: $Fluss := \frac{823}{60}$

2.8.2 Integralsatz von Stokes

Der Gauß'sche Satz reduziert das *Volumen*integral über die Divergenz eines Vektorfeldes auf ein *Oberflächen*integral 2. Art. Der Stoke'sche Satz verbindet das *Oberflächen*integral über die Rotation eines Vektorfeldes (er wird deshalb auch als *Rotationssatz* bezeichnet) mit dem *Kurven*integral entlang des geschlossenen Randes der Oberfläche.

Es sei A eine (parametrisierte) stückweise glatte Fläche im Raum $\mathbb{R}^3$ mit stückweise glatter, geschlossener und orientierter Randkurve $C = \partial A$. Die Orientierung (bzw. Parametrisierung) der Randkurve sei wieder wie beim Satz von Gauß in der Ebene so, dass beim Durchlaufen der Kurve die Fläche A „links" von C liegt (Umlaufen der Fläche im Gegenuhrzeigersinn, die Orientierung der Kurve und der Fläche bilden ein Rechtssystem). Oder kurz, aber mathematisch nicht so exakt: Sei C eine geschlossene Kurve und A die von ihr umschlossene Fläche. Sei außerdem $\vec{F}$ ein Vektorfeld mit stetigen partiellen Ableitungen 1. Ordnung, welches auf A zusammen mit seiner Rotation definiert ist. Dann gilt:

$$\iint_A \operatorname{rot}\left(\vec{F}\right) \bullet d\vec{A} = \iint_A \left[\operatorname{rot}\left(\vec{F}\right) \bullet \vec{n}\right] dA = \oint_{C=\partial A} \vec{F}\left(\vec{r}\right) \bullet d\vec{r} \tag{2.81}$$

Nach diesem Satz von Stokes ist der Fluss der Rotation eines Vektorfeldes durch eine Fläche A (berechnet mit dem Oberflächenintegral 2. Art über das Flächenstück A) gleich dem Umlaufintegral (geschlossenes Kurvenintegral) über die Randkurve ∂A der Fläche A.

Mathematisch bedeutet dies, dass ein Kurvenintegral eines Vektorfeldes über eine geschlossene Kurve C in ein Flächenintegral über die Rotation des Vektorfeldes umgewandelt werden kann und umgekehrt.

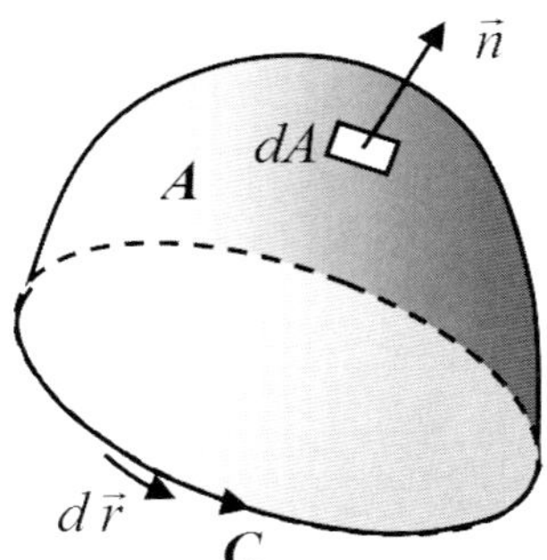

Abb. 29: Zum Satz von Stokes

Das Kurvenintegral um die Fläche entspricht dem Flächenintegral (einer Summe) der Wirbel auf dieser Fläche. Somit genügt es, die Strömung am Rand zu kennen, um das Wirbelfeld der gesamten Fläche bestimmen zu können. Alles, was an Wirbeln innerhalb der Fläche A entsteht, addiert sich zu einer Gesamtzirkulation entlang der Umrandung C.

Das Flächenintegral $\iint_A \operatorname{rot}\left(\vec{F}\right) \bullet d\vec{A}$ hängt nur vom Verlauf der Randkurve, und nicht von der Form der umschlossenen Fläche ab.

Der Fluss des Vektors $\operatorname{rot}\left(\vec{F}\right)$ durch die Fläche A wird auch als *Wirbelfluss* bezeichnet.

Das Umlaufintegral $\oint\limits_{C=\partial A} \vec{F} \bullet d\vec{r}$ nennt man auch die **Zirkulation** von $\vec{F}$ längs der Kurve C.

Ist $\vec{F}$ das Geschwindigkeitsfeld einer Strömung, so beschreibt die Zirkulation längs der Randkurve C den Teil der Flüssigkeit (Volumen pro Zeiteinheit), der an der Kurve entlangfließt. Die Zirkulation gibt die Drehrichtung und die Drehgeschwindigkeit an.

Manche Flächen im Raum können nicht durch ein einziges Flächenstück beschrieben werden. Solche Flächen können in einzelne Flächenstücke zerschnitten werden. Der Satz von Stokes wird dann auf jedes Flächenstück angewandt. Schnittlinien werden zweimal durchlaufen, allerdings in *entgegengesetzter* Richtung. Die zugehörigen Anteile der Kurvenintegrale heben sich somit weg, der Satz von Stokes gilt folglich für die ganze Fläche. Dabei werden die Kurvenintegrale über sämtliche Randkurven addiert, ebenso wie die Flächenintegrale über sämtliche Teilstücke der Fläche. Die Randkurven müssen so orientiert werden, dass beim Durchlaufen der Kurven die Flächen links liegen.

Beispiel 66

Gegeben ist das Vektorfeld $\vec{F}(x,y,z) = \begin{pmatrix} z-y \\ x+z \\ -x-y \end{pmatrix}$.

Die Fläche A, ein umgekehrtes Paraboloid, ist gegeben durch $z = 4 - x^2 - y^2$ mit $x^2 + y^2 \leq 4$.

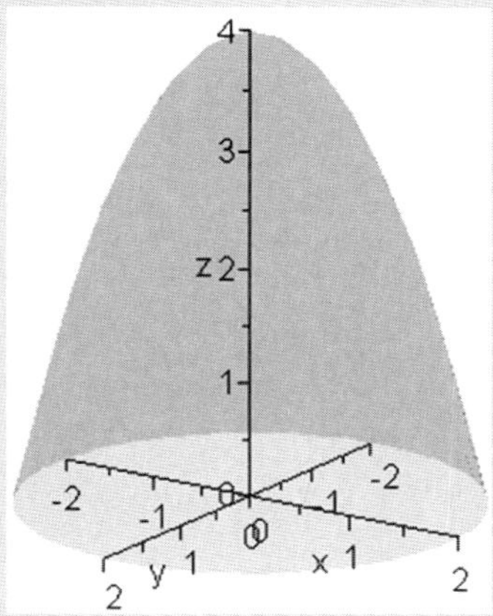

Abb. 30: Zu Beispiel 66, ein umgekehrtes Paraboloid

Die geschlossene Randkurve ∂A von A ist ein Kreis in der xy-Ebene mit dem Radius $R = 2$.

Parameterdarstellung der Randkurve: $\vec{r}(\varphi)=\begin{pmatrix} R\cdot\cos(\varphi) \\ R\cdot\sin(\varphi) \\ 0 \end{pmatrix}=\begin{pmatrix} 2\cdot\cos(\varphi) \\ 2\cdot\sin(\varphi) \\ 0 \end{pmatrix}$, $0\le\varphi<2\pi$.

Die Komponenten von $\vec{r}(\varphi)$ werden in $\vec{F}(x,y,z)$ eingesetzt:

$$\vec{F}(\vec{r}(\varphi))=\begin{pmatrix} 0-2\cdot\sin(\varphi) \\ 2\cdot\cos(\varphi)+0 \\ -2\cdot\cos(\varphi)-2\cdot\sin(\varphi) \end{pmatrix}$$

Der Tangentialvektor an den Kreis ist:

$$\frac{d\vec{r}(\varphi)}{d\varphi}=\begin{pmatrix} -R\cdot\sin(\varphi) \\ R\cdot\cos(\varphi) \\ 0 \end{pmatrix}=\begin{pmatrix} -2\cdot\sin(\varphi) \\ 2\cdot\cos(\varphi) \\ 0 \end{pmatrix}$$

Das Kurvenintegral ist:

$$\oint\limits_{C=\partial A}\vec{F}(\vec{r})\bullet d\vec{r}=\int\limits_0^{2\pi}\begin{pmatrix} -2\cdot\sin(\varphi) \\ 2\cdot\cos(\varphi) \\ -2\cdot\cos(\varphi)-2\cdot\sin(\varphi) \end{pmatrix}\bullet\begin{pmatrix} -2\cdot\sin(\varphi) \\ 2\cdot\cos(\varphi) \\ 0 \end{pmatrix}d\varphi=$$

$$=\int\limits_0^{2\pi}\left[4\cdot\left(\sin^2(\varphi)+\cos^2(\varphi)\right)\right]d\varphi=4\cdot\int\limits_0^{2\pi}d\varphi=\underline{\underline{8\pi}}$$

Dieses Ergebnis wird mit dem Oberflächenintegral der Stokes-Formel überprüft.

$$\operatorname{rot}(\vec{F})=\begin{pmatrix} \partial_x \\ \partial_y \\ \partial_z \end{pmatrix}\times\begin{pmatrix} z-y \\ x+z \\ -x-y \end{pmatrix}=\begin{pmatrix} -1-(+1) \\ 1-(-1) \\ 1-(-1) \end{pmatrix}=\begin{pmatrix} -2 \\ 2 \\ 2 \end{pmatrix}$$

Eine Parameterdarstellung der Fläche A ist

$\vec{r}(x,y)=\begin{pmatrix} x \\ y \\ 4-x^2-y^2 \end{pmatrix}$ mit den Parametern x und y.

Die Tangentenvektoren sind: $\vec{r}_x=\begin{pmatrix} 1 \\ 0 \\ -2x \end{pmatrix}$, $\vec{r}_y=\begin{pmatrix} 0 \\ 1 \\ -2y \end{pmatrix}$

Der Normalenvektor zur Fläche A ist: $\vec{n}=\vec{r}_x\times\vec{r}_y=\begin{pmatrix} 2x \\ 2y \\ 1 \end{pmatrix}$

Das Oberflächenintegral mit dem Integrationsbereich D ist:

$$\iint_A \left[\operatorname{rot}\left(\vec{F}\right) \bullet \vec{n}\right] dA = \iint_D \begin{pmatrix} -2 \\ 2 \\ 2 \end{pmatrix} \bullet \begin{pmatrix} 2x \\ 2y \\ 1 \end{pmatrix} dx\, dy = \iint_D (2 - 4x + 4y)\, dx\, dy$$

Es erfolgt eine Transformation auf Polarkoordinaten entsprechend der Umrechnung:

$$\iint_D f(x,y)\, dx\, dy = \iint_{\tilde{D}} \tilde{f}(r,\varphi)\, r\, dr\, d\varphi = \int_a^b \int_{g(\varphi)}^{h(\varphi)} f\left(r \cdot \cos(\varphi),\ r \cdot \sin(\varphi)\right) r\, d\varphi\, dr$$

$$\iint_D (2 - 4x + 4y)\, dx\, dy = \int_0^2 \left(\int_0^{2\pi} \left(2 - 4 \cdot 2 \cdot \cos(\varphi) + 4 \cdot 2 \cdot \sin(\varphi)\right) R\, d\varphi \right) dR =$$

$$= \int_0^2 \left[\left(2 \cdot \varphi - 8 \cdot \sin(\varphi) + 8 \cdot \cos(\varphi)\right) \cdot R\right]_0^{2\pi} dR =$$

$$= \int_0^2 (4\pi + 8 - 8) \cdot R\, dR = 4 \cdot \pi \cdot \int_0^2 R\, dR = 2 \cdot \pi \cdot \left[R^2\right]_0^2 = \underline{\underline{8\pi}}$$

Beispiel 67

Gegeben ist das Vektorfeld $\vec{F} = \begin{pmatrix} 3y \\ -xz \\ yz^2 \end{pmatrix}$.

Berechnen Sie den Wirbelfluss durch die Fläche

$A := \left\{(x,y,z) \in \mathbb{R}^3 \middle| x^2 + y^2 - 2z = 0,\ 0 \le z \le 2\right\}$.

Lösung:

Die Fläche A ist ein Paraboloid $z = \dfrac{x^2}{2} + \dfrac{y^2}{2}$.

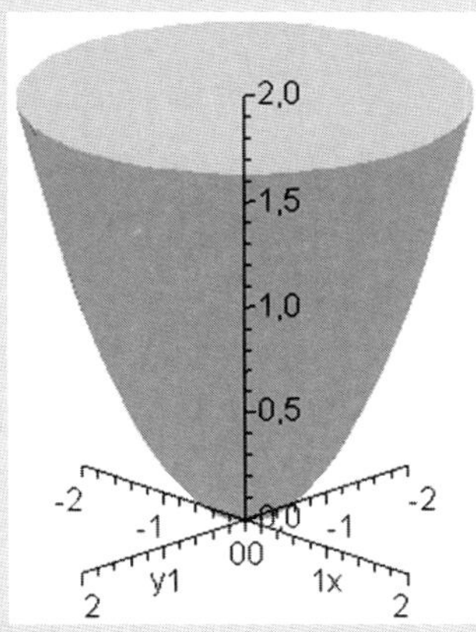

Abb. 31: Zu Beispiel 67, ein Paraboloid

Die geschlossene Randkurve $C = \partial A$ der Fläche A ist ein Kreis in der Ebene $z = 2$ mit dem Radius $R = 2$. Der Kreis wird im Gegenuhrzeigersinn durchlaufen.

Der Rand wird beschrieben durch die parametrisierte Kurve

$$\vec{r}(\varphi) = \begin{pmatrix} R \cdot \cos(\varphi) \\ R \cdot \sin(\varphi) \\ R \end{pmatrix} = \begin{pmatrix} 2 \cdot \cos(\varphi) \\ 2 \cdot \sin(\varphi) \\ 2 \end{pmatrix}, \ 0 \le \varphi < 2\pi.$$

Berechnung des Kurvenintegrals:

$$\vec{F}(\vec{r}(\varphi)) = \begin{pmatrix} 6 \cdot \sin(\varphi) \\ -4 \cdot \cos(\varphi) \\ 8 \cdot \sin(\varphi) \end{pmatrix}; \ \frac{d\vec{r}(\varphi)}{d\varphi} = \begin{pmatrix} -2 \cdot \sin(\varphi) \\ 2 \cdot \cos(\varphi) \\ 0 \end{pmatrix}$$

$$\oint_{C=\partial A} \vec{F}(\vec{r}) \bullet d\vec{r} = \int_0^{2\pi} \left(-12 \cdot \sin^2(\varphi) - 8\cos^2(\varphi)\right) d\varphi =$$

$$= \left[-12 \cdot \left(\frac{\varphi}{2} - \frac{1}{4}\sin(2\varphi)\right) - 8 \cdot \left(\frac{\varphi}{2} + \frac{1}{4}\sin(2\varphi)\right)\right]_0^{2\pi} = \underline{\underline{-20\pi}}$$

Die Rotation des Vektorfeldes ist:

$$\operatorname{rot}\left(\vec{F}\right) = \begin{pmatrix} \partial_x \\ \partial_y \\ \partial_z \end{pmatrix} \times \begin{pmatrix} 3y \\ -xz \\ yz^2 \end{pmatrix} = \begin{pmatrix} z^2 + x \\ 0 \\ -z - 3 \end{pmatrix}$$

Die Fläche A hat folgende Parametrisierung $A(R,\varphi)$:

$$x = R \cdot \cos(\varphi); \ y = R \cdot \sin(\varphi); \ 2z = R^2\cos^2(\varphi) + R^2\sin^2(\varphi) = R^2; \ z = \frac{R^2}{2}$$

$$A(R,\varphi) = \begin{pmatrix} R \cdot \cos(\varphi) \\ R \cdot \sin(\varphi) \\ \dfrac{R^2}{2} \end{pmatrix}$$; Die Tangentenvektoren sind: $A_R = \begin{pmatrix} \cos(\varphi) \\ \sin(\varphi) \\ R \end{pmatrix}$;

$$A_\varphi = \begin{pmatrix} -R \cdot \sin(\varphi) \\ R \cdot \cos(\varphi) \\ 0 \end{pmatrix}$$

Der Normalenvektor zur Fläche A ist: $\vec{n} = A_R \times A_\varphi = \begin{pmatrix} -R^2 \cdot \cos(\varphi) \\ -R^2 \cdot \sin(\varphi) \\ R \end{pmatrix}$

Das Oberflächenintegral:

$$\iint_A \left[\text{rot}(\vec{F}) \bullet \vec{n}\right] dA = \int_0^2 \int_0^{2\pi} \begin{pmatrix} \frac{R^4}{4} + R \cdot \cos(\varphi) \\ 0 \\ \frac{-R^2}{2} - 3 \end{pmatrix} \bullet \begin{pmatrix} -R^2 \cdot \cos(\varphi) \\ -R^2 \cdot \sin(\varphi) \\ R \end{pmatrix} d\varphi\, dR =$$

$$= \int_0^2 \int_0^{2\pi} \left(\left(\frac{R^4}{4} + R \cdot \cos(\varphi) \right) \cdot \left(-R^2 \cdot \cos(\varphi)\right) - \frac{R^3}{2} - 3R \right) d\varphi\, dR =$$

$$= \int_0^2 \int_0^{2\pi} \left(-\frac{R^6}{4} \cdot \cos(\varphi) - R^3 \cdot \cos^2(\varphi) - \frac{R^3}{2} - 3R \right) d\varphi\, dR =$$

$$= -\int_0^2 \left[\frac{R^6}{4} \cdot \sin(\varphi) + R^3 \cdot \left(\frac{\varphi}{2} + \sin(2\varphi) \right) + \frac{R^3}{2} \cdot \varphi + 3R \cdot \varphi \right]_0^{2\pi} dR =$$

$$= -\int_0^2 \left(R^3\pi + R^3\pi + 6R\pi\right) dR = -2\pi \int_0^2 \left(R^3 + 3R\right) dR = -2\pi \left[\frac{R^4}{4} + 3\frac{R^2}{2} \right]_0^2 = \underline{\underline{-20\pi}}$$

Beispiel 68

Die Kurve C sei ein Viertelkreis im ersten Quadranten der yz-Ebene mit dem Radius $R = 1$, der durch die Koordinatenachsen zu einem geschlossenen Weg mit der gezeigten Orientierung vervollständigt wird.

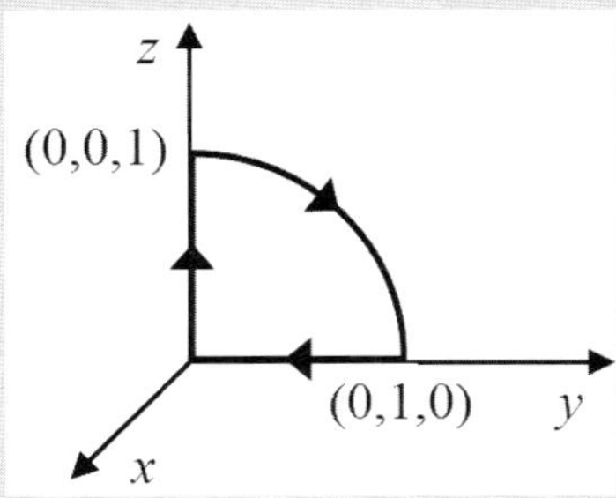

Abb. 32: Kurve C in Beispiel 68

Gegeben ist das Vektorfeld $\vec{F} = \begin{pmatrix} y \\ z \\ x \end{pmatrix}$.

Berechnen Sie den Wirbelfluss durch die von C eingeschlossene Fläche A.

Lösung:

Die Rotation des Vektorfeldes ist:

$$\text{rot}\left(\vec{F}\right) = \begin{pmatrix} \partial_x \\ \partial_y \\ \partial_z \end{pmatrix} \times \begin{pmatrix} y \\ z \\ x \end{pmatrix} = \begin{pmatrix} -1 \\ -1 \\ -1 \end{pmatrix}$$

Eine Parameterdarstellung der Fläche A ist:

$$\vec{A}(R,\varphi) = \begin{pmatrix} 0 \\ R \cdot \cos(\varphi) \\ R \cdot \sin(\varphi) \end{pmatrix}, \; 0 \le R \le 1 \text{ und } 0 \le \varphi \le \frac{\pi}{2}$$

Die Tangentenvektoren sind:

$$A_R = \begin{pmatrix} 0 \\ \cos(\varphi) \\ \sin(\varphi) \end{pmatrix}; \; A_\varphi = \begin{pmatrix} 0 \\ -R \cdot \sin(\varphi) \\ R \cdot \cos(\varphi) \end{pmatrix}$$

Der Normalenvektor zur Fläche A ist: $\vec{n} = A_R \times A_\varphi = \begin{pmatrix} R \\ 0 \\ 0 \end{pmatrix}$

Wie bisher auch: Der Normalenvektor muss nicht zum Normaleneinheitsvektor mit der Länge eins normiert werden. Aber: Für die gegebene Orientierung der Kurve C ist die Richtung des berechneten Normalenvektors falsch. Bei der gegebenen Orientierung der Kurve C muss der Normalenvektor der Fläche A in Richtung der negativen x-Achse zeigen, entsprechend einem Rechtssystem. **Krümmen wir die Finger der rechten Hand in Umlaufrichtung der Randkurve C, so zeigt der Daumen bei einem Rechtssystem in Richtung der Flächennormalen.** Wir müssen also folgenden Normalenvektor verwenden:

$$\vec{n} = A_\varphi \times A_R = \begin{pmatrix} -R \\ 0 \\ 0 \end{pmatrix}$$

Das Oberflächenintegral ist jetzt:

$$\iint_A \left[\operatorname{rot}\left(\vec{F}\right) \bullet \vec{n}\right] dA = \int_0^1 \int_0^{\pi/2} \begin{pmatrix} -1 \\ -1 \\ -1 \end{pmatrix} \bullet \begin{pmatrix} -R \\ 0 \\ 0 \end{pmatrix} d\varphi\, dR = \int_0^1 \int_0^{\pi/2} R\, d\varphi\, dR =$$

$$= \int_0^1 \left(R \cdot [\varphi]_0^{\pi/2}\right) dR = \frac{\pi}{2}\left[\frac{R^2}{2}\right]_0^1 = \underline{\underline{\frac{\pi}{4}}}$$

Dieses Ergebnis wird mit dem Umlaufintegral nach dem Satz von Stokes überprüft.

Die Randkurve C wird in drei Teilstücke zerlegt: C_1, C_2, C_3.

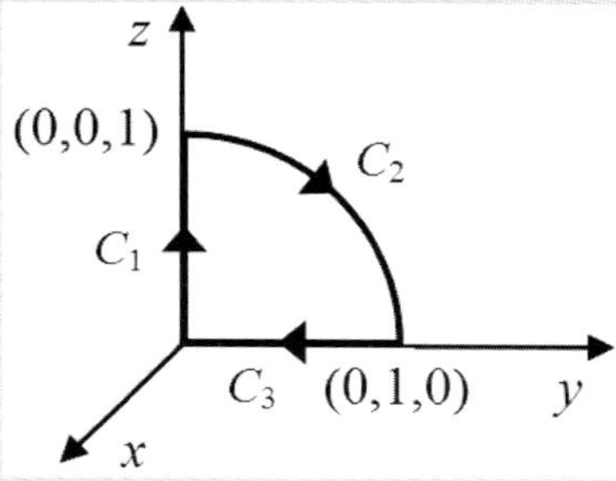

Abb. 33: Zerlegung der Kurve C in Beispiel 68

Das Umlaufintegral ist die Summe von drei Teilintegralen:

$$\oint_{C=\partial A} \vec{F}(\vec{r}) \bullet d\vec{r} = \int_{C_1} \vec{F}(\vec{r}) \bullet d\vec{r} + \int_{C_2} \vec{F}(\vec{r}) \bullet d\vec{r} + \int_{C_3} \vec{F}(\vec{r}) \bullet d\vec{r}$$

Die Parameterdarstellung der drei Teilstrecken ist:

$$C_1(t) = \begin{pmatrix} 0 \\ 0 \\ t \end{pmatrix},\ 0 \le \mathrm{t} \le 1;\quad C_2(t) = \begin{pmatrix} 0 \\ \sin(t) \\ \cos(t) \end{pmatrix},\ 0 \le t \le \frac{\pi}{2};\quad C_3(t) = \begin{pmatrix} 0 \\ t \\ 0 \end{pmatrix},\ 0 \le t \le 1$$

$$\int_{C_1} \vec{F}(\vec{r}) \bullet d\vec{r} = \int_0^1 \begin{pmatrix} 0 \\ t \\ 0 \end{pmatrix} \bullet \begin{pmatrix} 0 \\ 0 \\ 1 \end{pmatrix} dt = 0$$

$$\int_{C_2} \vec{F}(\vec{r}) \bullet d\vec{r} = \int_0^{\pi/2} \begin{pmatrix} \sin(t) \\ \cos(t) \\ 0 \end{pmatrix} \bullet \begin{pmatrix} 0 \\ \cos(t) \\ -\sin(t) \end{pmatrix} dt = \left[\cos^2(t)\right]_0^{\pi/2} = \left[\frac{t}{2} + \frac{1}{4} \cdot \sin(2t)\right]_0^{\pi/2} = \frac{\pi}{4}$$

$$\int_{C_3} \vec{F}(\vec{r}) \bullet d\vec{r} = \int_1^0 \begin{pmatrix} t \\ 0 \\ 0 \end{pmatrix} \bullet \begin{pmatrix} 0 \\ 1 \\ 0 \end{pmatrix} dt = 0$$

Somit ist das Ergebnis des Oberflächenintegrals nachgeprüft:

$$\oint_C \vec{F}(\vec{r}) \bullet d\vec{r} = \underline{\underline{\frac{\pi}{4}}}$$

2.8.3 Integralsatz von Green

Der Satz von Green stellt einen Zusammenhang zwischen einem geschlossenen Kurvenintegral und einem Flächenintegral her. Der Satz von Green ist ein Spezialfall des Satzes von Stokes für die Ebene.

Sei $A \subseteq \mathbb{R}^2$ ein Gebiet mit der geschlossenen (stückweise glatten) Randkurve C, die mathematisch positiv durchlaufen wird. Der Rand soll also so parametrisiert werden, dass die Fläche A beim Durchlaufen der Kurve $C = \partial A$ immer links liegt.

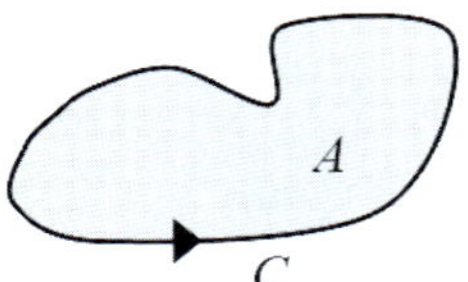

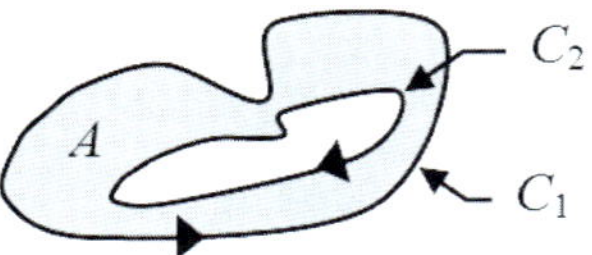

Abb. 34: Zum Satz von Green

$F_1(x,y)$ und $F_2(x,y)$ seien stetig partiell differenzierbare Funktionen des Vektorfeldes $\vec{F} = \begin{pmatrix} F_1(x,y) \\ F_2(x,y) \end{pmatrix}$. Dann gilt:

$$\boxed{\iint_A \mathrm{rot}(\vec{F})\, dA = \oint_C \vec{F}(\vec{r}) \bullet d\vec{r}} \tag{2.82}$$

Hierin ist $\mathrm{rot}(\vec{F}) = \begin{pmatrix} \partial_x \\ \partial_y \end{pmatrix} \times \begin{pmatrix} F_1 \\ F_2 \end{pmatrix} = \frac{\partial F_2}{\partial x} - \frac{\partial F_1}{\partial y} = \partial_x F_2 - \partial_y F_1$

Der Satz von Green wird meist in folgender Form angegeben:

$$\boxed{\iint_A \left(\frac{\partial F_2}{\partial x} - \frac{\partial F_1}{\partial y} \right) dx\, dy = \oint_C (F_1\, dx + F_2\, dy)} \tag{2.83}$$

Mathematisch bedeutet dies, dass ein Kurvenintegral eines Vektorfeldes über eine geschlossene Kurve C in ein Flächenintegral des Vektorfeldes umgewandelt werden kann und umgekehrt.

Besonders nützlich ist der Satz von Green zur Berechnung von Flächen. Betrachten wir die Funktionen $F_1(x,y) = -y$ und $F_2(x,y) = x$. Dann gilt:

$$\oint_C (-y\,dx + x\,dy) = \iint_A \left[\frac{\partial}{\partial x} x - \left(\frac{\partial}{\partial y}(-y) \right) \right] dx\,dy = 2\iint_A dx\,dy = 2 \cdot A$$

Somit ist die Fläche des von der Kurve C begrenzten Bereiches:

$$A = \frac{1}{2} \oint_C (x\,dy - y\,dx) \tag{2.84}$$

Diese Gleichung entspricht der Sektorformel von Leibniz und ist ein Sonderfall des Satzes von Green.

Ist der Rand von A durch eine geschlossene Kurve $C(t) = \begin{pmatrix} x(t) \\ y(t) \end{pmatrix}$ darstellbar, so folgt:

$$A = \frac{1}{2} \oint_C (x\,dy - y\,dx) = \frac{1}{2} \int_{t=a}^{t=b} \left[x(t)\,y'(t) - y(t)\,x'(t) \right] dt \tag{2.85}$$

Beispiel 69

Es soll die Fläche A einer Ellipse bestimmt werden, deren Kurve C durch die Mittelpunktsgleichung $\frac{x^2}{a^2} + \frac{y^2}{b^2} = 1$ definiert ist.

Lösung:

Eine Parameterdarstellung der Ellipse ist $\vec{r}(t) = \begin{pmatrix} a \cdot \cos(t) \\ b \cdot \sin(t) \end{pmatrix}$, $t \in [0, 2\pi]$.

$$x'(t) = -a \cdot \sin(t);\; y'(t) = b \cdot \cos(t)$$

$$A = \frac{1}{2} \oint_C (x\,dy - y\,dx) = \frac{1}{2} \int_0^{2\pi} \left[a \cdot \cos(t) \cdot b \cdot \cos(t) - \left[b \cdot \sin(t) \cdot (-a \cdot \sin(t)) \right] \right]$$

$$A = \frac{1}{2} ab \int_0^{2\pi} dt = \underline{\underline{ab\pi}}$$

Beispiel 70

Gegeben ist das Vektorfeld $\vec{F} = \begin{pmatrix} e^x - y \\ \sin(y) + x \end{pmatrix}$.

Zu berechnen ist die Zirkulation von $\vec{F}$ längs der Kurve C, welche das Gebiet zwischen den Graphen von $y = x^2$ und $y = 4$ einschließt.

Lösung:

Die Randkurve C besteht aus den beiden Teilen C_1 und C_2.

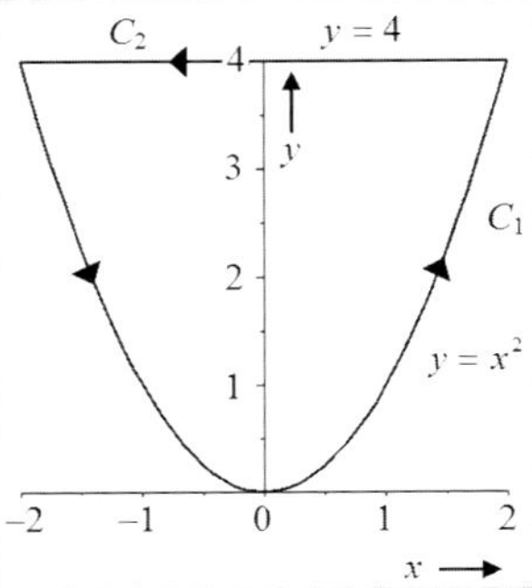

Abb. 35: Randkurve in Beispiel 70

Parametrisierung von C_1: $\vec{r}_1(t) = \begin{pmatrix} t \\ t^2 \end{pmatrix}$ mit $-2 \le t \le 2$.

Da es einfacher ist, wird statt mit C_2 mit $-C_2$ gerechnet. Beim Berechnen des entsprechenden Kurvenintegrals wird die Regel $\int\limits_{-C} = -\int\limits_{C}$ angewandt.

Parametrisierung von C_2: $\vec{r}_1(t) = \begin{pmatrix} t \\ 4 \end{pmatrix}$ mit $-2 \le t \le 2$.

Kurvenintegral:

$$\oint\limits_C (F_1\,dx + F_2\,dy) = \int\limits_{C_1} (F_1\,dx + F_2\,dy) - \int\limits_{-C_2} (F_1\,dx + F_2\,dy) =$$

$$= \int\limits_{-2}^{2} \left[\left(e^t - t^2\right) \cdot 1 + \left(\sin\left(t^2\right) + t\right) \cdot 2t \right] dt - \int\limits_{-2}^{2} \left[\left(e^t - 4\right) \cdot 1 + \left(\sin(4) + t\right) \cdot 0 \right] dt =$$

$$= \int\limits_{-2}^{2} \left(e^t - t^2 + 2t \cdot \sin\left(t^2\right) + 2t^2 - e^t + 4\right) dt = \left[\frac{t^3}{3} - \cos\left(t^2\right) + 4t \right]_{-2}^{2} = \frac{16}{3} + 16 = \underline{\underline{\frac{64}{3}}}$$

Flächenintegral:

$$\iint\limits_A \left(\frac{\partial F_2}{\partial x} - \frac{\partial F_1}{\partial y} \right) dx\,dy = \iint\limits_A \left(\frac{\partial}{\partial x}(\sin(y) + x) - \frac{\partial}{\partial y}\left(e^x - y\right) \right) = \iint\limits_A (1 - (-1))\,dx\,dy =$$

$$= \int\limits_{x=-2}^{2} \int\limits_{y=x^2}^{4} 2\,dy\,dx = \int\limits_{x=-2}^{2} 2 \cdot [y]_{x^2}^{4}\,dx = \int\limits_{x=-2}^{2} \left(8 - 2x^2\right) dx = \left[8x - \frac{2}{3}x^3 \right]_{-2}^{2} = 32 - \frac{32}{3} = \underline{\underline{\frac{64}{3}}}$$

2.9 Zusammenfassung

1. Ein Integral über ein Vektorfeld entlang eines gegebenen Weges ist ein Kurvenintegral.
2. Beim Kurvenintegral erster Art wird über ein Skalarfeld, beim Kurvenintegral zweiter Art wird über ein Vektorfeld längs eines Weges integriert.
3. Bei wirbelfreien (konservativen) Feldern ist das Umlaufintegral null. Das Ergebnis eines Kurvenintegrals entlang eines nicht geschlossenen Integrationsweges hängt dann nur von den Endpunkten des Weges ab und nicht vom Wegverlauf zwischen diesen Punkten.
4. Bei einem Gradientenfeld (Potenzialfeld) ist der Wert des Kurvenintegrals längs eines vorgegebenen Weges durch die Potenzialdifferenz zwischen Wegendpunkt und Weganfangspunkt bestimmt (unabhängig vom Integrationsweg).
5. Für die Berechnung von Oberflächenintegralen werden Flächen in Parameterdarstellung verwendet.
6. Es gibt skalare und vektorielle Oberflächenintegrale (Flächenintegral erster und zweiter Art).
7. Bei einem Hüllintegral ist die Oberfläche des Flächenintegrals geschlossen.
8. Oberflächenintegrale, bei denen die „Strömung“ eines Vektorfeldes durch eine Fläche berechnet wird, werden Flussintegrale genannt.
9. Der Satz von Gauß besagt, dass ein Oberflächenintegral eines Vektorfeldes über eine geschlossene Oberfläche eines Volumens in ein Volumenintegral über die Divergenz des Vektorfeldes umgewandelt werden kann und umgekehrt.
10. Der Satz von Stokes besagt, dass ein Kurvenintegral eines Vektorfeldes über eine geschlossene Kurve in ein Flächenintegral über die Rotation des Vektorfeldes umgewandelt werden kann und umgekehrt.
11. Der Satz von Green ist ein Spezialfall des Satzes von Stokes für die Ebene.

3 Normierung, Verstärkungsmaß, Nomenklatur

3.1 Normierung

Durch eine Normierung (auch Normalisierung genannt) kann der Wertebereich einer Variablen auf einen bestimmten, gut überschau- und darstellbaren Bereich der Zahlenwerte gebracht werden. Oft liegt der gewählte Bereich in der Größenordnung zwischen null und eins (bzw. 0 % und 100 %). Auch die Vergleichbarkeit kann durch die Betrachtung eines Wertes in Relation zu einer anderen Größe verbessert werden.

Eine weitere Anwendung der Normierung: Die Parameter einer Funktion können so gewählt werden, dass die Funktion von unterschiedlichen Zahlenwerten der Parameter unabhängig wird, und die Koeffizienten der unabhängigen Variablen einer Funktion einheitenlos werden. So kann z. B. unabhängig von der Größe der Bauelemente die Eigenschaft eines elektrischen Netzwerkes allgemein dargestellt werden. Die Details der Realisierung werden durch die Normierung sozusagen verborgen. Schaltungen mit ähnlichen Eigenschaften sind dann unabhängig von den Werten der Bauelemente besser vergleichbar.

Beispiel 71

Bei der Widerstandsnormierung wird aus einem nicht normierten Widerstand R durch den Bezug auf einen Normierungswiderstand R_n ein normierter Widerstand R': $R' = \frac{R}{R_n}$.

Hat ein Widerstand R_1 einen Wertebereich von $10\ \Omega$ bis $100\ \Omega$ und ein Widerstand R_2 einen Wertebereich von $100\ \Omega$ bis $1000\ \Omega$, so liegen die Wertebereiche nach der Normierung bei Wahl von $R_n = 100\ \Omega$ bei $0{,}1$ bis 1 und 1 bis 10. Der Normierungswiderstand ist frei wählbar, durch ihn können die gewünschten normierten Wertebereiche realisiert werden.

Beispiel 72

Eine Funktion, welche das Übertragungsverhalten einer Schaltung von ihrem Eingang zu ihrem Ausgang in Abhängigkeit der Frequenz der Eingangsspannung und der Bauteildimensionierung beschreibt, wird *Übertragungsfunktion* genannt. Die Ausgangsspannung kann mit Hilfe der Übertragungsfunktion bei festgelegten Bauteilwerten aus der Eingangsspannung für verschiedene Frequenzen berechnet werden. Eine einfache Übertragungsfunktion eines Tiefpasses, der Spannungen mit niedrigen Frequenzen durchlässt und welche mit hohen Frequenzen unterdrückt, ist z. B.

$$A(\omega) = \frac{1}{\sqrt{1 + (\omega RC)^2}}.$$

Bei der so genannten Grenzfrequenz ω_g ist die Höhe der Ausgangsspannung auf das $\frac{1}{\sqrt{2}}$-fache (ca. 0,7-fache) der Eingangsspannung abgefallen. Bei dem betrachteten Beispiel ist $\omega_g = \frac{1}{\sqrt{RC}}$, die Grenzfrequenz ist also abhängig von den Bauteilwerten. Eine grafische Darstellung von $A(\omega)$ fällt je nach den Werten des Widerstandes R und des Kondensators C unterschiedlich aus. Wählt man eine normierende Frequenz $\omega_n = \frac{1}{RC}$, so ergibt sich mit $\Omega = \frac{\omega}{\omega_n}$ die normierte Übertragungsfunktion $A(\Omega) = \frac{1}{\sqrt{1+\Omega^2}}$. Unabhängig von der Bauteildimensionierung liegt jetzt die Grenzfrequenz bei $\Omega_g = 1$.

Durch eine Normierung können Netzwerke gleicher Art trotz unterschiedlicher Bauteilwerte durch dieselbe Übertragungsfunktion beschrieben werden, die Eigenschaften der Schaltung sind in normierter Form übersichtlicher darstellbar.

3.2 Logarithmische Skalierung, Dezibel

Anmerkung: Dieser Abschnitt setzt einige Kenntnisse über elektrotechnische Größen, Formelzeichen, Einheitenzeichen und Schaltungssymbole voraus.

Sollen sowohl sehr kleine als auch sehr große Werte grafisch dargestellt werden, so wird ein logarithmischer Maßstab verwendet. Eine logarithmische statt einer linearen Angabe von Werten ist dann von Vorteil, wenn sich ein Wert in einem großen Bereich von mehreren Zehnerpotenzen bewegt. Durch das Rechnen mit Logarithmen wird der Zahlenbereich überschaubar eingegrenzt. Speziell bleiben trotz des riesigen Wertebereiches Änderungen in den kleinen Wertebereichen ersichtlich und gehen nicht (wie bei einer linearen Auftragung) vollkommen unter.

Bei einer *halblogarithmischen* Darstellung ist *eine* Achse eines kartesischen Koordinatensystems logarithmisch eingeteilt. Eine logarithmische Unterteilung *beider* Achsen eines kartesischen Koordinatensystems ergibt eine *doppelt logarithmische* Darstellung.

In der Elektrotechnik werden nicht nur absolute Werte wie Volt oder Milliampere, sondern auch häufig *Verhältnisse* von Größen betrachtet. Ein Verhältnis können z. B. zwei Leistungen, zwei Spannungen oder zwei Ströme bilden.

Eine beliebige Schaltung mit zwei Eingangsklemmen und zwei Ausgangsklemmen wird als *Vierpol* bezeichnet. Die nächste Abbildung zeigt allgemein einen solchen Vierpol mit seinem Eingangswiderstand R_e und angeschlossenem Lastwiderstand R_L am Ausgang.

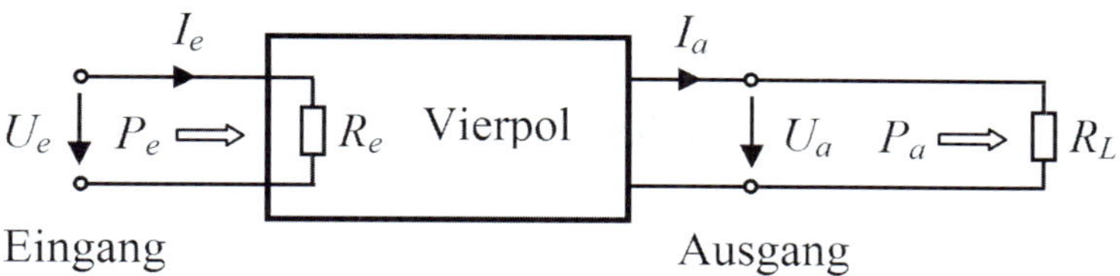

Abb. 36: Ein allgemeiner Vierpol mit Lastwiderstand am Ausgang

3.2.1 Leistungsverstärkung in Dezibel

Die Leistung P_a am Ausgang eines Vierpols kann zu der Leistung P_e am Vierpoleingang in ein Verhältnis gesetzt werden. Die Leistungsverstärkung (Klemmen-Leistungsverstärkung, power gain) eines Vierpols ist gleich dem Verhältnis der am Lastwiderstand R_L am Vierpolausgang entstehenden Wirkleistung P_a zur Wirkleistung P_e in den Eingang des Vierpols.

Anmerkung: Die Klemmen-Leistungsverstärkung berücksichtigt nicht eine Fehlanpassung zwischen Quelle und Vierpoleingang. Nur bei eingangsseitiger Anpassung geht die verfügbare Leistung der Quelle auf den Vierpol über.

Das Verhältnis der Leistungen am Vierpol ist $V_P = \frac{P_a}{P_e}$. Das Verhältnis von Ausgangsgröße zu Eingangsgröße kann bei aktiven Vierpolen eine Verstärkung (Vergrößerung, Gewinn) mit $V_P > 1$ oder bei passiven Vierpolen eine Dämpfung (Abschwächung, Verkleinerung) mit $V_P < 1$ sein. Für die Verstärkung wird meist das Formelzeichen »V«, für die Dämpfung das Formelzeichen »a« verwendet. Die Dämpfung kann als Verhältnis von Eingangsgröße zu Ausgangsgröße und somit als Kehrwert der Verstärkung definiert werden.

$$a_P = \frac{P_e}{P_a} = \frac{1}{V_P} \tag{3.1}$$

Da die Leistung am Ausgang und die Leistung am Eingang eines Systems zueinander in Relation gesetzt werden, stellt die Verstärkung V_P *kein absolutes Maß* dar. Die Einheit Watt in Zähler und Nenner wird gekürzt, der Verstärkungsfaktor V_P besitzt als *Verhältniswert keine Einheit*. Die Verstärkung ist somit ein relatives Maß zwischen Ausgangs- und Eingangsgröße, als lineare Größe wird sie als **Verstärkungsfaktor** bezeichnet.

Welche Größen ein- und ausgangsseitig betrachtet werden, ist für die Berechnung der Verstärkung unerheblich, sie müssen lediglich gleicher Art sein.

Beispiel 73

Die Leistung am Eingang eines Verstärkers beträgt $1\,\text{mW}$. Am Ausgang stellt der Verstärker eine Leistung von $1{,}0$ Watt zur Verfügung. Die Leistungsverstärkung V_P ist 1000.

Das Leistungsverhältnis P_a/P_e kann sich über mehrere Zehnerpotenzen erstrecken, V_P kann wesentlich größere Werte als 1000 annehmen. Um diese sehr großen Bereiche der Verhältniswerte gut überschaubar darzustellen, werden diese, nach Alexander Graham Bell[2], logarithmisch dargestellt. Die Bezeichnung **Bel** ist als Maß für den dekadischen[3] Logarithmus eines Leistungsverhältnisses (Verstärkung oder Dämpfung) definiert. Bel ist keine echte Einheit wie Volt oder Ampere. Die Einheit Bel (Abkürzung »B«) der Verhältnisgröße P_a/P_e ist eine *Pseudoeinheit*.

Das Bel ist für die Praxis eine sehr große Einheit, nach der Umrechnung ergibt sich häufig nur eine einzige Vorkommastelle. Um ohne großen Fehler auf Nachkommastellen verzichten zu können, wurde das dezi-Bel (geschrieben als **Dezibel** mit der Abkürzung »**dB**« als Einheitenzeichen) eingeführt.

Es gilt: $1\ \mathrm{B} = 10\ \mathrm{dB}$ bzw. $1\ \mathrm{dB} = 0{,}1\ \mathrm{B}\ (\mathrm{Bel})$

Anmerkung: Wird statt des Zehnerlogarithmus der natürliche Logarithmus zur Basis e = 2,71... verwendet, so erhält man den Verhältniswert in der Pseudoeinheit „Neper" (Np). Neper wird heute nicht mehr verwendet, es bezeichnete früher das Verhältnis von zwei Spannungen oder Strömen zueinander.

Im Gegensatz zum linearen Verstärkungs**faktor** wird die Verstärkung in dB als Verstärkungs**maß** bezeichnet.

Die **Leistungsverstärkung in dB** errechnet sich entsprechend zu:

$$V_{P,dB} = 10 \cdot \lg\left(\frac{P_a}{P_e}\right) \mathrm{dB} \tag{3.2}$$

Wird mit den Effektivwerten der Ströme I_e, I_a und der Spannungen U_e, U_a in Abb. 36 gerechnet, so ergibt sich:

$$V_{P,dB} = 10 \cdot \lg\left(\frac{P_a}{P_e}\right) \mathrm{dB} = 10 \cdot \lg\left(\frac{U_a \cdot I_a}{U_e \cdot I_e}\right) \mathrm{dB}$$

Das logarithmische Maß kann wieder in einen einheitenlosen linearen Faktor umgerechnet werden:

$$V_P = 10^{\frac{V_{P,dB}}{10\ \mathrm{dB}}} \tag{3.3}$$

2 A. G. Bell (1847 – 1922), amerik. Physiologe und Erfinder des Telefons

3 Dekadischer Logarithmus = Zehnerlogarithmus = Logarithmus zur Basis 10. Physikalische Vorgänge in der Natur, wie z. B. Wachstumsvorgänge, werden häufig durch den natürlichen Logarithmus (ln) mit der eulerschen Zahl e = 2,718... als Basis beschrieben.

Beispiel 74

Eine Eingangsleistung von $1\ \mathrm{mW}$ wird auf eine Ausgangsleistung von $1{,}0\ \mathrm{W}$ verstärkt. Die Leistungsverstärkung in Dezibel ist dann:

$V_{P,dB} = 10 \cdot \lg\left(\frac{1000\ \mathrm{mW}}{1\ \mathrm{mW}}\right) \mathrm{dB} = \underline{\underline{30\ \mathrm{dB}}}$; als Linearfaktor ist die Leistungsverstärkung:

$$V_P = 10^{\frac{30\ \mathrm{dB}}{10\ \mathrm{dB}}} = 10^3 = \underline{\underline{1000}}$$

3.2.2 Spannungs- oder Stromverstärkung in Dezibel

Sollen Spannungs- oder Stromverhältnisse in Dezibel angegeben werden, so stellen zunächst $P_e = \frac{U_e^2}{R_e}$ bzw. $P_e = I_e^2 \cdot R_e$ sowie $P_a = \frac{U_a^2}{R_L}$ und $P_a = I_a^2 \cdot R_L$ den Bezug zu Eingangs- und Ausgangsleistung her. Die Spannungsverstärkung V_U eines Vierpols wird als lineares Maß ausgedrückt durch $V_U = \frac{U_a}{U_e}$. V_U ist ein linearer Spannungsverstärkungs**faktor**. Das Spannungsverstärkungs**maß** in dB ist:

$$V_{U,dB} = 10 \cdot \lg\left(\frac{P_a}{P_e}\right) \mathrm{dB} = 10 \cdot \lg\left(\frac{\frac{U_a^2}{R_L}}{\frac{U_e^2}{R_e}}\right) \mathrm{dB} = 10 \cdot \lg\left(\frac{U_a^2}{U_e^2} \cdot \frac{R_e}{R_L}\right) \mathrm{dB}$$

Für den Fall der Leistungsanpassung mit $R_e = R_L$ erhält man unter Berücksichtigung von $\lg(x^n) = n \cdot \lg(x)$ für die **Spannungsverstärkung in dB**:

$$V_{U,dB} = 20 \cdot \lg\left(\frac{U_a}{U_e}\right) \mathrm{dB} \qquad (3.4)$$

Auf gleiche Weise wird das Stromverstärkungsmaß in dB berechnet:

$V_{I,dB} = 10 \cdot \lg\left(\frac{P_a}{P_e}\right) \mathrm{dB} = 10 \cdot \lg\left(\frac{I_a^2 \cdot R_L}{I_e^2 \cdot R_e}\right) \mathrm{dB}$. Die **Stromverstärkung in dB** ist:

$$V_{I,dB} = 20 \cdot \lg\left(\frac{I_a}{I_e}\right) \mathrm{dB} \qquad (3.5)$$

Rechnet man mit Strömen oder Spannungen, muss als Faktor die 20 anstatt der 10 vor den Logarithmus gesetzt werden.

Beispiel 75

Die Eingangsspannung von $1\ \mathrm{mV}$ eines Verstärkers wird auf $1{,}0\ \mathrm{V}$ am Ausgang verstärkt. Die Spannungsverstärkung in dB ist:

$$V_{U,dB} = 20 \cdot \lg\left(\frac{1000\ \mathrm{mV}}{1\ \mathrm{mV}}\right) \mathrm{dB} = \underline{\underline{60\ \mathrm{dB}}}$$

Aus dem dB-Wert erhält man den linearen Spannungsverstärkungsfaktor (der natürlich auch leicht zu $V_U = \frac{1000\ \mathrm{mV}}{1\ \mathrm{mV}} = \underline{\underline{1000}}$ berechnet werden kann):

$$V_U = 10^{\frac{60\ \mathrm{dB}}{20\ \mathrm{dB}}} = 10^3 = \underline{\underline{1000}}$$

Eine Änderung der Ausgangsgröße um $0{,}0\ \mathrm{dB}$ bedeutet nicht, dass am Ausgang kein Signal vorhanden ist, sondern dass Eingangsgröße und Ausgangsgröße des Systems gleich groß sind. Die Verstärkung ist dann $V_U = 0{,}0\ \mathrm{dB}$. Im linearen Maßstab ist $V_U = 1$.

Kenngrößen von elektronischen Systemen werden oft auf eine bestimmte Verstärkung oder Abschwächung von Signalen durch das System bezogen. Die *Grenzfrequenz* f_g von Filtern bezieht sich z. B. im Allgemeinen auf eine *Abschwächung des Eingangssignals um* $3\ \mathrm{dB}$.

Der Abfall einer Ausgangsgröße wird häufig (z. B. im Bode-Diagramm) auf ein bestimmtes Frequenzintervall $[f_1, f_2]$ bezogen. Die Angabe des Frequenzintervalls erfolgt dabei meist als **Dekade** oder (weniger gebräuchlich) als **Oktave**. Eine Dekade ist ein Zehnersprung, eine Oktave ist eine Verdoppelung.

Beispiel 76

$[10\ \mathrm{Hz},\ 100\ \mathrm{Hz}]$ oder $[250\ \mathrm{Hz},\ 2500\ \mathrm{Hz}]$ sind Dekaden mit $f_1 : f_2 = 1:10$

$[1\ \mathrm{Hz},\ 2\ \mathrm{Hz}]$ oder $[250\ \mathrm{Hz},\ 500\ \mathrm{Hz}]$ sind Oktaven mit $f_1 : f_2 = 1:2$

Beispiel 77

Werden auf der Abszisse die Frequenz »f« und auf der Ordinate die Amplitude »A« einer Ausgangsgröße logarithmisch angegeben, so erhält man bei einem Abfall der Ausgangsgröße von $20\ \mathrm{dB}$ pro Dekade als grafische Darstellung eine Gerade, deren Funktionswert jeweils innerhalb einer Dekade (z. B. zwischen $10\ \mathrm{Hz}$ und $100\ \mathrm{Hz}$ und auch zwischen $100\ \mathrm{Hz}$ und $1000\ \mathrm{Hz}$) um $20\ \mathrm{dB}$ kleiner wird.

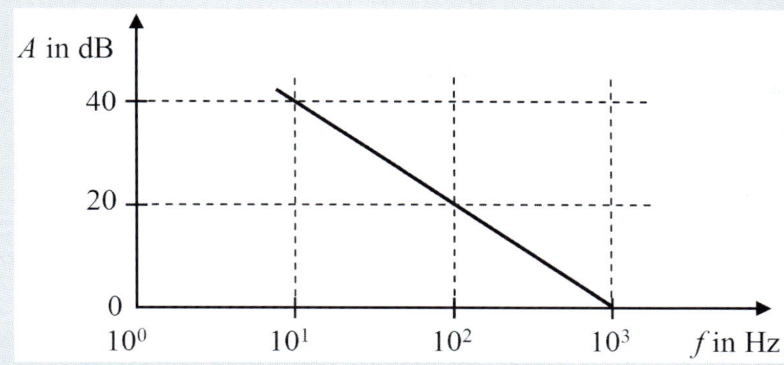

Abb. 37: Beispiel für eine doppelt logarithmische Darstellung bei einem Absinken der Ausgangsgröße mit 20 dB pro Dekade

3.2.3 Verstärkungsmaß, Dämpfungsmaß in Dezibel

Ist das Verstärkungsmaß (auch Übertragungsmaß genannt) in dB positiv, so ist die Ausgangsgröße größer als die Eingangsgröße, es handelt sich um eine Verstärkung. Ist das Verstärkungsmaß negativ, so ist die Ausgangsgröße gegenüber dem Eingang abgeschwächt, es liegt eine Dämpfung vor, die mit einem positiven Dämpfungswert a_P oder a_U oder a_I in dB angegeben wird. Wie soeben geschehen, kann die Bezeichnung dB im Index entfallen, wenn durch die Angabe dB zum Zahlenwert ersichtlich ist, dass es sich um logarithmierte Verhältniswerte handelt.

Ein positives Verstärkungsmaß entspricht somit einem negativen Dämpfungsmaß und umgekehrt.

Leistungsdämpfungsmaß: $a_{P,dB} = -V_{P,dB}$

Spannungsdämpfungsmaß: $a_{U,dB} = -V_{U,dB}$

Stromdämpfungsmaß: $a_{I,dB} = -V_{I,dB}$

Beispiel 78

Die Eingangsspannung einer Schaltung ist 12 V. Berechnen Sie die Dämpfung a_1 für eine Ausgangsspannung $U_a = 8\ \text{V}$ und die Dämpfung a_2 für $U_a = 20\ \text{V}$.

$a_1 = -20 \cdot \lg\left(\dfrac{8\ \text{V}}{12\ \text{V}}\right)\ \text{dB} = \underline{\underline{+3{,}52\ \text{dB}}}$; das Signal wird um 3,52 dB abgeschwächt.

$a_2 = -20 \cdot \lg\left(\dfrac{20\ \text{V}}{12\ \text{V}}\right)\ \text{dB} = \underline{\underline{-4{,}44\ \text{dB}}}$; das Signal wird um 4,44 dB verstärkt.

Beispiel 79
Die Ausgangspannung eines Vierpols beträgt 3 % der Eingangsspannung. Wie groß ist die Dämpfung a in dB?

$$a = -20 \cdot \lg\left(\frac{3}{100}\right) \text{dB} = \underline{\underline{+30,46 \text{ dB}}}$$

Charakteristische dB-Werte und die entsprechenden linearen Verstärkungsfaktoren sind in der folgenden Tabelle gegenübergestellt.

Tabelle 6: Lineare Verstärkungsfaktoren und zugehörige dB-Werte

	Dämpfung						Verstärkung			
$V_{U,I,P}$ linear	0,001	0,01	0,1	0,5	$1/\sqrt{2}$	1	2	10	100	1000
$V_{U,I}$ in dB	–60	–40	–20	–6	–3	0	+6	+20	+40	+60
$a_{U,I}$ in dB	60	40	20	6	3	0	–6	–20	–40	–60
V_P in dB	–30	–20	–10	–3	–1,5	0	+3	+10	+20	+30
a_P in dB	30	20	10	3	1,5	0	–3	–10	–20	–30

3.2.4 Kaskadierte Systeme

Wird eine Übertragungsstrecke aus mehreren hintereinander geschalteten Einzelvierpolen betrachtet, die alle beidseitig an einen Widerstand (an eine feste Impedanz) angepasst sind, so müssen die einzelnen *Linear*größen miteinander *multipliziert* werden, um das gesamte Übertragungsmaß zu erhalten. Werden logarithmierte *Übertragungsmaße in dB* verwendet, so können diese einfach *summiert* werden. „Gewinn" und „Verlust" einzelner Übertragungsstufen führen zum Gesamtergebnis einer Übertragungsstrecke, wenn Verstärkungen positiv und Dämpfungen negativ angesetzt werden.

Beispiel 80
Die folgende Abbildung zeigt mehrere Stufen eines Übertragungssystems.

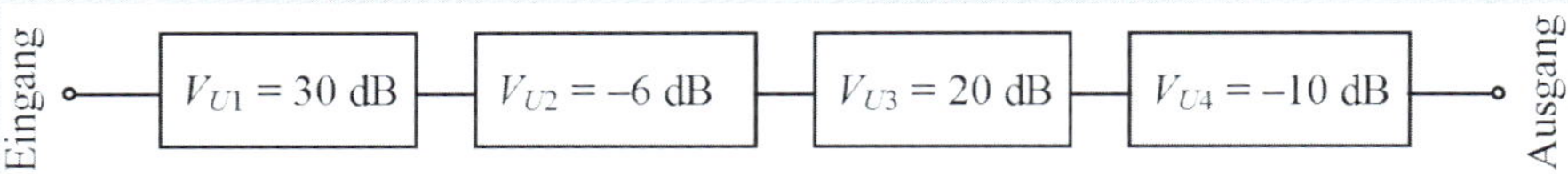

Abb. 38: Aufeinander folgende Stufen eines Übertragungssystems

Die Gesamtverstärkung V_{UG} ergibt sich zu

$$V_{UG} = \sum_{i=1}^{i=4} V_{Ui} = 30 \text{ dB} - 6 \text{ dB} + 20 \text{ dB} - 10 \text{ dB} = \underline{\underline{34 \text{ dB}}}$$

3.2.5 Absolute Pegel

Da das Dezibel nur für Leistungs- oder Strom-/Spannungs*verhältnisse* steht, können direkte Maßangaben in Dezibel nicht erfolgen. Absolute Größenangaben sind möglich, wenn das Verhältnis einer Größe mit einer definierten Bezugsgröße gleicher Einheit gebildet und das Ergebnis logarithmiert wird. Die entstehenden logarithmischen Verhältnisse nennt man *Pegel* »L« (Level). Als Einheit wird das Dezibel (dB) verwendet. Die Angabe des Bezugswertes (Normalwertes) ist immer notwendig. Zusätze im Index des Formelzeichens und bei der dB-Angabe weisen auf bestimmte Bezugswerte hin. Absolute Pegel sind gleichbedeutend mit Spannungs- oder Leistungswerten.

Absoluter Leistungspegel:

$$L_{P,abs} = 10 \cdot \lg\left(\frac{P}{P_0}\right) \text{dB} \quad \text{mit Bezugswert } P_0 \tag{3.6}$$

Absoluter Spannungspegel:

$$L_{U,abs} = 20 \cdot \lg\left(\frac{U}{U_0}\right) \text{dB} \quad \text{mit Bezugswert } U_0 \tag{3.7}$$

Die Spannungswerte sind Effektivwerte.

Beispiel 81

Wie hoch ist die Ausgangsleistung einer Endstufe, wenn sie von 300 W um 6 dB erhöht wird?

$L_{P,abs} = 10 \cdot \lg\left(\frac{P}{P_0}\right) \text{dB} = 6 \text{ dB}$, Bezugswert $P_0 = 300 \text{ W}$; $10^{\frac{6}{10}} = \frac{P}{300 \text{ W}}$;

$P = 10^{0,6} \cdot 300 \text{ W} = \underline{\underline{1194,3 \text{ W}}}$

Gebräuchlich sind die folgenden absoluten Pegel (Verstärkungsmaße) mit festgelegten Bezugswerten von P_0 und U_0.

Absoluter Leistungspegel:

- **dBm**

$$L_P = 10 \cdot \lg\left(\frac{P}{1 \text{ mW}}\right) \text{dBm} \tag{3.8}$$

0 dBm entsprechen 1 mW. 30 dBm entsprechen 1 W. Die Leistung von 1 mW entsprechend 775 mV an 600 Ω ist in der Übertragungstechnik (Telefonie) als Bezugswert P_0 festgelegt.

$$\left[\frac{(0{,}775\ \mathrm{V})^2}{600\ \Omega} = 1\ \mathrm{mW}\right]$$

Der Bezugsleistung $1\ \mathrm{mW}$ können auch $224\ \mathrm{mV}$ an $50\ \Omega$ zugrunde gelegt sein.

- **dBW**

$$L_P = 10 \cdot \lg\left(\frac{P}{1\ \mathrm{W}}\right)\ \mathrm{dBW} \tag{3.9}$$

$0\ \mathrm{dBW}$ entsprechen $1\ \mathrm{W}$.

$L_{P,r}$ würde einen *relativen* Pegel in dBr (oder nur dB) mit beliebigem Bezugswert P_0 bezeichnen.

Absoluter Spannungspegel:

- **dBu**

$$L_U = 20 \cdot \lg\left(\frac{|U|}{775\ \mathrm{mV}}\right)\ \mathrm{dBu} \tag{3.10}$$

$0\ \mathrm{dBu}$ entsprechen $0{,}775\ \mathrm{V}$. Die Bezugsspannung von $775\ \mathrm{mV}$ lässt sich aus der Leistung von $1\ \mathrm{mW}$ an $600\ \Omega$ errechnen.

- **dBV**

$$L_U = 20 \cdot \lg\left(\frac{|U|}{1\ \mathrm{V}}\right)\ \mathrm{dBV} \tag{3.11}$$

$0\ \mathrm{dBV}$ entsprechen $1\ \mathrm{V}$.

- **dBµV**

$$L_U = 20 \cdot \lg\left(\frac{|U|}{1\ \mu\mathrm{V}}\right)\ \mathrm{dB}\mu\mathrm{V} \tag{3.12}$$

$0\ \mathrm{dB}\mu\mathrm{V}$ entsprechen $1\ \mu\mathrm{V}$. $60\ \mathrm{dB}\mu\mathrm{V}$ entsprechen $1\ \mathrm{mV}$.

Der Bezugswert $U_0 = 1\ \mu\mathrm{V}$ wird in der Antennentechnik als Antennenbezugsspannung von $1\ \mu\mathrm{V}$ an $75\ \Omega$ gleich $0\ \mathrm{dB}\mu\mathrm{V}$ verwendet.

Viele Voltmeter haben zusätzlich zu linearen Skalen auch eine „dB-Skala", entweder in „dBV" oder in „dBm". Während dBV eindeutig eine Spannung bezogen auf $1\ \mathrm{V}$ bezeichnet, bedeutet dBm jedoch eine *Leistung* bezogen auf $1\ \mathrm{mW}$. Gemeint ist damit die Leistung, die an einem äußeren Widerstand die gemessene Spannung erzeugt. Dabei muss beachtet werden, dass die Umrechnung zwischen Leistung und Spannung vom Widerstand abhängig ist.

Bei einer Angabe des Spannungspegels in dBm ist also der Bezugswiderstand R_0 zur Berechnung der Bezugsspannung zu berücksichtigen. U_0 ist dann die Spannung, die am Bezugswiderstand R_0 abfällt, wenn an diesem eine Leistung von $P_0 = 1\ \mathrm{mW}$ umgesetzt wird.

„dBm"-Skalen sind daher immer mit einem Bezugswiderstand versehen.

$\mathbf{dBm(600\,\Omega)}$: $1\ \mathrm{mW}\ (0\ \mathrm{dBm})$ entspricht einer Spannung von $0{,}775\ \mathrm{V}$ an $600\ \Omega$.

Der Bezugswiderstand $600\ \Omega$ entspricht einem üblichen Abschlusswiderstand bei Übertragungsleitungen in der Telefonie.

$\mathbf{dBm(50\,\Omega)}$: $1\ \mathrm{mW}\ (0\ \mathrm{dBm})$ entspricht einer Spannung von $224\ \mathrm{mV}$ an $50\ \Omega$.

Der Bezugswiderstand $50\ \Omega$ wird vorwiegend in der Hochfrequenztechnik verwendet. Er entspricht dem Wellen- und Abschlusswiderstand gebräuchlicher Koaxialleitungen.

Beispiel 82

Geben Sie den Spannungspegel für $2{,}5\ \mathrm{V}$ in dBV und in dBu an.

$$L_U = 20 \cdot \lg\left(\frac{|U|}{1\ \mathrm{V}}\right)\mathrm{dBV} = 20 \cdot \lg\left(\frac{2{,}5\ \mathrm{V}}{1\ \mathrm{V}}\right)\mathrm{dBV} = \underline{\underline{7{,}96\ \mathrm{dBV}}}$$

$$L_U = 20 \cdot \lg\left(\frac{|U|}{775\ \mathrm{mV}}\right)\mathrm{dBu} = 20 \cdot \lg\left(\frac{2{,}5\ \mathrm{V}}{0{,}775\ \mathrm{V}}\right)\mathrm{dBu} = \underline{\underline{10{,}17\ \mathrm{dBu}}}$$

Beispiel 83

Wie groß ist der Leistungspegel in dBm für $10\ \mathrm{W}$ Ausgangsleistung? Wie groß ist bei dieser Leistung die Ausgangsspannung U_a in Volt an $600\ \Omega$? Welchen Wert hat der zugehörige Spannungspegel?

$$L_P = 10 \cdot \lg\left(\frac{10\ \mathrm{W}}{1\ \mathrm{mW}}\right)\mathrm{dBm} = \underline{\underline{40\ \mathrm{dBm}}};\ U_a = \sqrt{10\ \mathrm{W} \cdot 600\ \Omega} = \underline{\underline{77{,}46\ \mathrm{V}}};$$

$$L_U = 20 \cdot \lg\left(\frac{77{,}46\ \mathrm{V}}{0{,}775\ \mathrm{V}}\right)\mathrm{dBu} = \underline{\underline{40\ \mathrm{dBu}}}$$

Bei bekannter Impedanz lassen sich die Spannungspegel in die entsprechenden Leistungspegel umrechnen.

Beispiel 84

Am Antenneneingang eines Fernsehgerätes beträgt der Empfangspegel 60 dBμV an 75 Ω. Wie hoch ist die Antennenspannung U_{Antenne}? Welchem Leistungspegel in dBm entspricht der Antennenpegel? Welche Leistung P_{Antenne} stellt die Antenne bereit?

$$60\ \text{dB}\mu\text{V} = 20 \cdot \lg\left(\frac{U_{\text{Antenne}}}{1\ \mu\text{V}}\right);\ U_{\text{Antenne}} = 10^{\frac{60}{20}} \cdot 1\ \mu\text{V} = 10^3 \cdot 1\ \mu\text{V} = \underline{\underline{1\ \text{mV}}}$$

Antennenleistung bei 1 mV an 75 Ω: $P_{\text{Antenne}} = \dfrac{(1\ \text{mV})^2}{75\ \Omega} = 1{,}33 \cdot 10^{-8}\ \text{W}$

Der entsprechende Leistungspegel ist

$$L_P = 10 \cdot \lg\left(\frac{1{,}33 \cdot 10^{-8}\ \text{W}}{1\ \text{mW}}\right) \text{dBm} = \underline{\underline{-48{,}76\ \text{dBm}}}$$

Die bereitgestellt Leistung der Antenne ist (wie oben)

$$P_{\text{Antenne}} = 10^{\frac{-48{,}76}{10}} \cdot 1\ \text{mW} = 1{,}33 \cdot 10^{-8}\ \text{W} = \underline{\underline{13{,}3\ \text{nW}}}$$

3.2.6 Pegeldiagramm

Bei mehrstufigen Übertragungsstrecken erhält man durch ein Pegeldiagramm (Pegelplan) einen schnellen Überblick über die an jedem Ort herrschenden Pegel bzw. Absolutwerte. Der vorhandene Pegel kann für jeden Ort (Ein- oder Ausgang eines Teilsystems) sofort angegeben werden. Das Verstärkungsmaß in dB ist positiv für eine Verstärkung und negativ für eine Abschwächung. Ein Dämpfungsmaß in dB entspricht einem negativen Verstärkungsmaß. Meist werden in einem Pegeldiagramm Dämpfungsmaße für die Abschwächung eines Signals durch z. B. Leitungen oder Filter, und Verstärkungsmaße für die Wirkung von Verstärkerstufen eingetragen. Die dB-Werte werden von Ort zu Ort addiert. Die Gesamtsumme ergibt die gesamte Dämpfung (oder Verstärkung) eines Übertragungssystems von dessen Eingang bis zum Ausgang. Im Pegeldiagramm können relative oder absolute Pegel für Leistungen oder Spannungen verwendet werden. Ein absoluter Pegel am Eingang ergibt auch einen absoluten Pegel am Ausgang.

Wird die Eingangsgröße willkürlich auf einen Pegel von 0 dB festgelegt, so ist außerdem schnell ersichtlich, ob der Pegel an einem Ort in der Übertragungskette einen kritischen Wert unterschreitet und ein Mindeststörabstand nicht mehr gewährleistet ist. Der größte und kleinste im Übertragungssystem auftretende Pegel ist leicht erkennbar.

Es folgt ein Beispiel für ein Pegeldiagramm.

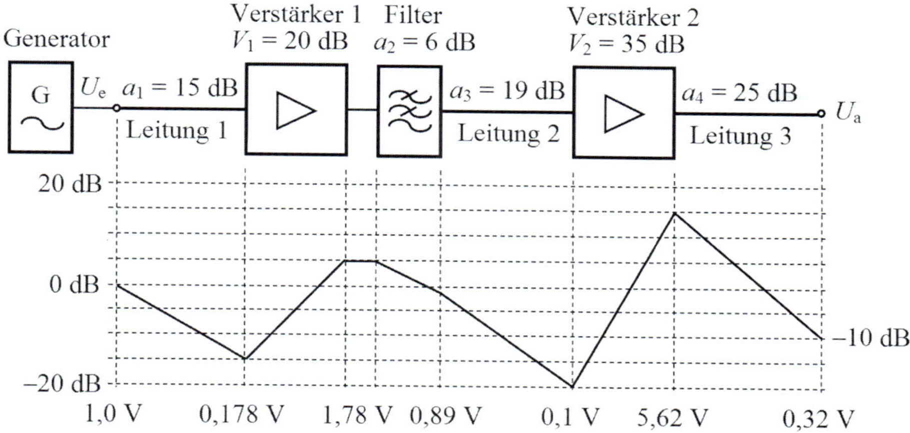

Abb. 39: Beispiel für ein Pegeldiagramm

Zur Erläuterung der Berechnung der absoluten Pegel in Volt:

$$10^{-\frac{15}{20}} = 0{,}178; \quad 0{,}178 \cdot 10^{\frac{20}{20}} = 1{,}78; \quad 1{,}78 \cdot 10^{-\frac{6}{20}} = 0{,}89; \quad 0{,}89 \cdot 10^{-\frac{19}{20}} = 0{,}1;$$

$$0{,}1 \cdot 10^{\frac{35}{20}} = 5{,}62; \quad 5{,}62 \cdot 10^{-\frac{25}{20}} = 0{,}32$$

Das Pegeldiagramm beginnt bei $0\ \text{dB}$, die Eingangsspannung U_e betrage $1{,}0$ Volt. Durch Leitung 1 fällt der Pegel um $15\ \text{dB}$ und wird dann durch Verstärker 1 auf $+5\ \text{dB}$ erhöht. Durch das Filter erfolgt eine Abschwächung um $6\ \text{dB}$, durch die darauf folgende Leitung 2 nochmals eine Abschwächung um $19\ \text{dB}$ auf $-20\ \text{dB}$. Verstärker 2 hebt den Pegel um $35\ \text{dB}$ auf $+15\ \text{dB}$. Leitung 3 dämpft den Pegel um $25\ \text{dB}$. Der Ausgangspegel der Ausgangsspannung U_a ist dann $-10\ \text{dB}$ gegenüber der Eingangsspannung U_e. Für die gesamte Übertragungsstrecke gilt: $U_a = 10^{\frac{-10}{20}} \cdot U_e = 0{,}32 \cdot U_e$.

3.3 Nomenklatur

1. Sind Größen, z. B. skalare Konstanten wie der ohmsche Widerstand, oder Variablen in einem Betrachtungszeitraum zeitunabhängig, so werden für sie vorwiegend große Buchstaben verwendet. Konstante Werte im Gleichstromkreis werden groß geschrieben. Effektivwerte im Wechselstromkreis werden ebenfalls groß geschrieben. Die Bezeichnung U ist also entweder eine Gleichspannung *oder* ein Effektivwert einer Spannung.

Beispiel 85
U, I, R, Q, P

2. Zeitabhängige periodische Größen zur Beschreibung des Momentanwertes (Augenblickswertes) werden klein geschrieben.

Beispiel 86

$u(t)=\hat{U}\cdot\cos(\omega t+\varphi_u)$, $u(t)=\hat{U}\cdot\sin(\omega t+\varphi_u)$, $i(t)=\hat{I}\cdot\sin(\omega t+\varphi_i)$, $i(t)=\hat{I}\cdot\cos(\omega t+\varphi_i)$

Beispiel 87

Wird in $u(t)=\hat{U}\cdot\sin(\omega t+\varphi_u)$ mit $\hat{U}=20\text{ V},\ f=1000\text{ Hz},\ \varphi_u=\frac{\pi}{2}$ für die Zeit »*t*« der Ausdruck $t=0{,}2\text{ ms}$ eingesetzt, so erhält man den Momentanwert

$$u(t=0{,}2\text{ ms})=20\text{ V}\cdot\sin\left(2\cdot\pi\cdot1000\text{ s}^{-1}\cdot2\cdot10^{-4}\text{ s}+\frac{\pi}{2}\right)=\underline{\underline{6{,}2\text{ V}}}$$

Eine nicht periodische zeitabhängige Größe kann auch groß geschrieben werden.

Beispiel 88

$I_L(t)$, $U_C(t)$ sind nicht periodische zeitabhängige Größen bei Lade-, Entladevorgängen.

3. Soll die Abhängigkeit einer Größe von einer Variablen betont werden, so kann dies durch die ausführliche Darstellung der Funktion mit abhängiger und unabhängiger Variable in der Funktionsbezeichnung erfolgen.

Beispiel 89

$I_D(U_D)$, $E(l)$, $\varphi(x)$, $U_{Kl}(I_L)$

4. Als Symbole für Naturkonstanten und materialspezifische Parameter dienen meist kleine Buchstaben.

Beispiel 90

ρ, ε_0, μ_0, e, c_0

5. Symbole gleicher Art können bei vielfachem Auftreten durch einen Laufindex unterschieden werden.

Beispiel 91

$R_1, R_2, R_3,\ldots;\ C_1, C_2, C_3,\ldots;\ L_1, L_2, L_3,\ldots$

6. Eine spezielle Kennzeichnung von Symbolen ist durch ein Unterstreichen, Überstreichen, Aufsetzen eines Dachsymbols oder durch Verwendung eines beschreibenden Index möglich.

Beispiel 92

$\hat{U}$ = Amplitude (Scheitelwert) einer Spannung

$\underline{U}$ = Effektivwert einer komplexen Spannung (komplexe Größen werden unterstrichen)

$\underline{\hat{U}}$ = komplexe Amplitude einer Spannung; $\underline{u}(t)$ oder nur $\underline{u}$ = komplexe Zeitfunktion

$\underline{Z}$ = komplexer Widerstand (Impedanz); $\overline{v}$ = mittlere Geschwindigkeit (Mittelwert)

I_{eff} = Effektivwert des Stromes; U_e = Eingangsspannung; U_a = Ausgangsspannung

U_{BE} = Spannung zwischen Basis und Emitter eines Bipolartransistors

7. Konjugiert komplexe Größen werden mit einem Stern gekennzeichnet.

Beispiel 93

$\underline{Z}^*, \underline{Y}_1^*$

8. Vektorielle Größen werden mit einem Pfeil über dem Symbol versehen.

Beispiel 94

$\vec{E}, \vec{H}$

Es folgen weitere Beispiele mit Erläuterungen. Für Ströme gilt sinngemäß das Gleiche wie für Spannungen.

- $U = 15\ \mathrm{V}$ ist entweder der Wert einer Gleichspannung oder der Effektivwert einer Wechselspannung.
- $u(t) = 20\ \mathrm{V} \cdot \sin\left(628{,}32\ \mathrm{s}^{-1} \cdot t + \frac{\pi}{3}\right)$ ist eine sinusoidale Spannung mit der Amplitude $\hat{U} = 20\ \mathrm{V}$, der Frequenz $f = 100\ \mathrm{Hz}$ ($\omega = 2\pi f = 628{,}32\ \mathrm{s}^{-1}$) und dem Nullphasenwinkel $\varphi_u = \frac{\pi}{3}$.
- $U_C(t) = 10\ \mathrm{V} \cdot \exp\left(-\frac{t}{RC}\right)$ beschreibt den Verlauf der Spannung an einem Kondensator mit dem Kapazitätswert C als Funktion der Zeit t, wenn der

Kondensator auf den Gleichspannungswert $10\ \mathrm{V}$ aufgeladen war und über einen ohmschen Widerstand mit dem Widerstandswert R entladen wird. Der Ausdruck »$\exp$« ist das Funktionszeichen für die e-Funktion (Exponentialfunktion zur Basis »e«). Durch dieses Funktionszeichen kann der Exponent größer und damit lesbarer geschrieben werden.

- $\underline{u}(t) = \hat{U} \cdot \cos(\omega t + \varphi_u) + j \cdot \hat{U} \cdot \sin(\omega t + \varphi_u)$ ist eine komplexe Zeitfunktion in Komponentenform. $\underline{u}(t) = \hat{U} \cdot e^{j \cdot (\omega t + \varphi_u)} = \hat{U} \cdot e^{j\varphi_u} \cdot e^{j\omega t}$ ist die gleiche komplexe Zeitfunktion in Exponentialform. Beide Formen geben den komplexen Momentanwert an. Es handelt sich um in der komplexen Ebene rotierende **Drehzeiger**.
- $\underline{\hat{U}} = \hat{U} \cdot e^{j\varphi_u}$ ist eine **komplexe Amplitude**, ein in der komplexen Ebene *ruhender Zeiger*, in dem die zeitunabhängigen Größen einer harmonischen Schwingung (Sinus oder Cosinus) zusammengefasst sind. Zu der komplexen Spannung $\underline{\hat{U}} = 15\ \mathrm{V} \cdot e^{j0}$ gehört der zeitliche Verlauf $u(t) = 15\ \mathrm{V} \cdot \sin(\omega t)$ oder $u(t) = 15\ \mathrm{V} \cdot \cos(\omega t)$. Die reelle Amplitude ist »$15\ \mathrm{V}$«, der Nullphasenwinkel ist null.
- $\underline{U} = U \cdot e^{j\varphi_u}$ ist ein **komplexer Effektivwert**, ein in der komplexen Ebene ebenfalls *ruhender Zeiger*, in dem die zeitunabhängigen Größen einer harmonischen Schwingung (Sinus oder Cosinus) zusammengefasst sind. Zu der komplexen Spannung $\underline{U} = 15\ \mathrm{V} \cdot e^{j0}$ gehört der zeitliche Verlauf $u(t) = \sqrt{2} \cdot 15\ \mathrm{V} \cdot \sin(\omega t)$ oder $u(t) = \sqrt{2} \cdot 15\ \mathrm{V} \cdot \cos(\omega t)$. Der reelle Effektivwert ist $15\ \mathrm{V}$, die reelle Amplitude ist $\sqrt{2} \cdot 15\ \mathrm{V}$, der Nullphasenwinkel ist null. Der Zusammenhang zwischen komplexer Amplitude und komplexem Effektivwert ist wie bei den korrespondierenden reellen Größen bei einer sinusförmigen Schwingung gegeben durch $\underline{U} = \frac{\underline{\hat{U}}}{\sqrt{2}}$.

Anmerkung: In der Literatur wird für die komplexe Amplitude statt $\underline{\hat{U}}$ auch $\underline{U}$ verwendet. Dies kann zu Verwechslungen zwischen der komplexen Amplitude und dem komplexen Effektivwert führen.

3.4 Naturkonstanten

In der folgenden Tabelle sind einige Naturkonstanten zusammengestellt, die in der Elektrotechnik häufig benötigt werden.

Tabelle 7: Einige in der Elektrotechnik häufig benötigte Naturkonstanten

Naturkonstante	Zeichen	Zahlenwert	Einheit
Boltzmann-Konstante	k	$1{,}381 \cdot 10^{-23}$	J/K
Elektronenruhemasse	m_0	$9{,}110 \cdot 10^{-31}$	kg
Elementarladung	e	$1{,}602 \cdot 10^{-19}$	As
Feldkonstante, elektrische (Permittivität im Vakuum) (früher Dielektrizitätskonstante)	ε_0	$8{,}854 \cdot 10^{-12}$	As/Vm
Feldkonstante, magnetische (Permeabilität des Vakuums)	μ_0	$4\pi \cdot 10^{-7}$	Vs/Am
Lichtgeschwindigkeit im Vakuum	c	$2{,}998 \cdot 10^{8}$	m/s
Planck'sches Wirkungsquantum	h	$6{,}626 \cdot 10^{-34}$	Js

Zusammenhang zwischen c, ε_0, μ_0:

$$c = \frac{1}{\sqrt{\mu_0 \cdot \varepsilon_0}} \qquad (3.13)$$

Hinweis: In Prüfungsarbeiten werden solche Naturkonstanten üblicherweise angegeben, d. h., man muss sie nicht auswendig wissen. Es wird jedoch häufig verlangt, bestimmte Konstanten und Formeln des täglichen Lebens auswendig zu kennen, da die Verwendung einer Formelsammlung oft nicht erlaubt ist. Ein Beispiel ist die Kreiszahl pi (π), die man zumindest auf zwei Nachkommastellen genau als $3{,}14$ wissen sollte. Ein weiteres Beispiel ist die Formel für die Kreisfläche $F = r^2 \cdot \pi$. Statt dieser Formel wird häufig verwendet: $F = \left(\frac{d}{2}\right)^2 \cdot \pi$. Dagegen ist nichts einzuwenden, aber die weitere Verarbeitung muss richtig sein, und darf nicht $F = \frac{d^2}{2} \cdot \pi$ oder $F = \frac{d}{4} \cdot \pi$ ergeben. Die Definition des Wirkungsgrades sollte man ebenfalls auswendig wissen: $\eta = \frac{P_{ab}}{P_{zu}}$.

Auch das einfache Rechnen mit Funktionen wie Sinus oder Cosinus eines Argumentes, Potenzgesetze wie $e^{a+b} = e^a \cdot e^b$, das Auflösen von $y = e^x$ nach x oder das Lösen einer quadratischen Gleichung sollte beherrscht werden.

Die Umformung eines Terms entsprechend $\frac{a}{b+c} = \frac{a}{b} + \frac{a}{c}$ ist natürlich falsch.

Eine häufige Fehlerquelle ist auch die Einstellung des Taschenrechners. Ist der Winkel φ einer komplexen Zahl $\underline{Z} = 3 + 5j$ in **Grad** verlangt, ist die richtige Antwort: $\varphi = \arctan\left(\frac{5}{3}\right) = \underline{\underline{59°}}$. Soll der Winkel im **Bogenmaß** angegeben werden, so muss der Taschenrechner auf Radiant eingestellt werden, richtig ist dann $1{,}03 \text{ rad}$. Ebenfalls bekannt sein sollte die Umrechnung eines Winkels zwischen Gradmaß und Bogenmaß:

$\alpha = \frac{180°}{\pi} \cdot x;\ x = \frac{\pi}{180°} \cdot \alpha$; Winkel α im Gradmaß, Winkel x im Bogenmaß

Hat man einen Winkel im Gradmaß berechnet und soll anschließend den Funktionswert von $u(t) = \hat{U} \cdot \sin(\omega t)$ mit $\hat{U} = 30 \text{ V}$, $f = 10 \text{ kHz}$ bei $t = 40\ \mu s$ bestimmen, so darf man nicht vergessen, den Taschenrechner auf Radiant umzustellen.

$$u(t = 40\ \mu\text{s}) = 30 \text{ V} \cdot \sin\left(6{,}28 \cdot 10^4 \text{ s}^{-1} \cdot 40 \cdot 10^{-6} \text{ s}\right) = \underline{\underline{17{,}6 \text{ V}}}$$

3.5 Zusammenfassung

1. Durch eine Normierung wird eine Funktion unabhängig von der Bauteildimensionierung und der Wertebereich einer Funktion besser überschaubar.
2. Wird das Verstärkungsmaß in Dezibel verwendet, so kann ein sehr großer Bereich einer Variablen grafisch dargestellt werden.
3. Es gibt ein Leistungs-, Spannungs- und Stromverstärkungsmaß in dB.
4. Positives Vorzeichen beim Verstärkungsmaß und negatives Vorzeichen beim Dämpfungsmaß entsprechen einer Verstärkung (Vergrößerung), umgekehrte Vorzeichen einer Verkleinerung (Abschwächung, Dämpfung).
5. Bei kaskadierten Systemen multiplizieren sich die (linearen) Übertragungsfaktoren, die (logarithmischen) Übertragungsmaße addieren sich.
6. Absolute Pegel beziehen sich auf einen bestimmten Bezugswert.
7. Ein Pegeldiagramm ergibt einen Überblick über die Größe der Signale an verschiedenen Punkten eines Übertragungssystems.

4 Ursachen des elektrischen Stromes

4.1 Aufbau der Materie, Ladungsträger

4.1.1 Atommodell

Elektrische Erscheinungen und Vorgänge werden mit dem atomaren Aufbau der Materie erklärt. Materie besteht aus *Atomen* und *Molekülen*. Diese können z. B. in einer Gitterstruktur angeordnet sein, aber auch ungeordnet vorliegen. Ein Molekül besteht aus einem Verbund von Atomen.

Wegen seiner Einfachheit wird hier das Bohr'sche Atommodell verwendet, das heute zwar veraltet, für unsere Zwecke aber ausreichend genau ist. Entsprechend diesem Atommodell besteht jedes Atom aus einem *Atomkern* und einer *Atomhülle*.

Abb. 40: Bohr'sches Atommodell eines neutralen Atoms

In der Atomhülle befinden sich *negativ* geladene *Elektronen*, die sich auf definierten Bahnen um den Atomkern herum bewegen. Elektronen mit gleichem Abstand vom Kern werden zu einer Elektronenschale zusammengefasst. Bei einem Atom sind maximal sieben Schalen mit unterschiedlichen Durchmessern möglich. Die Anzahl der Elektronen pro Schale ist begrenzt, die inneren Schalen sind immer mit der maximal möglichen Anzahl von Elektronen besetzt. Die Energie von Elektronen auf kernnahen Schalen ist niedriger als auf kernfernen Schalen. Die Atome sind immer bestrebt, den energieärmsten Zustand einzunehmen. Aus diesem Grunde werden die inneren Schalen zuerst besetzt. Die Elektronen sind umso fester an das Atom gebunden, je näher sie am Kern sind.

Die äußerste Schale eines Atoms ist normalerweise nicht mit der maximal möglichen Anzahl von Elektronen aufgefüllt. Die Elektronen der äußersten Schale werden dann *Valenzelektronen* genannt. Diese Schale bestimmt das chemische und elektrische Verhalten eines Atoms. Maximal besetzte (gesättigte) Schalen zeigen die geringste chemische Aktivität. Die Bindung der Valenzelektronen an das Atom hängt ebenfalls von der Besetzung der Valenzschale ab. Je kleiner die Besetzung ist, desto schwächer ist die Bindung an das Atom. – Ein Elektron besitzt keine unterteilbare Struktur, es wird daher als *Elementarteilchen* bezeichnet.

Der Atomkern besteht aus so genannten Nukleonen. Dies sind *positiv* geladene *Protonen* und elektrisch neutrale *Neutronen*, die keine Ladung besitzen. Der Atomkern ist somit immer positiv geladen. Dass die Ladung der Elektronen negativ und die des Atomkerns positiv ist, wurde willkürlich festgelegt.

Nach außen hin sind Atome normalerweise (falls sie nicht ionisiert sind) elektrisch neutral, d. h. sie bestehen aus genau so vielen positiven Protonen wie negativen Elektronen, die Ladungen neutralisieren sich. Die Anzahl der Neutronen kann unterschiedlich sein.

Da ein Elektron ein Elementarteilchen ist, wird seine Ladung **Elementarladung** genannt. Ein Elektron trägt die Ladung $e = -1{,}602 \cdot 10^{-19}\ \mathrm{C}$ (**Coulomb**). Die Elementarladung ist die kleinste vorkommende Ladungsmenge. Einem Proton wird als Elementarteilchen die positive Elementarladung $e = +1{,}602 \cdot 10^{-19}\ \mathrm{C}$ zugeordnet.

Ladung ist immer an Materie gebunden. Elektronen und Protonen sind Grundbausteine der Atome, sie sind Träger von elektrischer Ladung. Ein Proton ist ein positiver, ein Elektron ist ein negativer elektrischer Ladungsträger. Die Ladungsmenge entspricht jeweils der Elementarladung.

Außer den geladenen Elementarteilchen (Elektron und Proton) gibt es andere geladene Teilchen, die komplexer aufgebaut sind, die *Ionen*. Ionen sind Atome, Moleküle oder Molekülteile, die mehr oder weniger Elektronen enthalten, als zu ihrer elektrischen Neutralität erforderlich sind (die nicht mehr elektrisch neutral sind). Positiven Ionen (*Kationen*) fehlen Elektronen, negative Ionen (*Anionen*) besitzen überschüssige Elektronen. Ein Beispiel für eine Ionenbildung ist die Dissoziation von Wasser: $\mathrm{H_2O \rightarrow 2H^+ + O^-}$.

4.1.2 Ladungstrennung

Jede Materie ist aus ladungsneutralen Neutronen und aus Ladungsträgern, den Protonen und Elektronen, aufgebaut. Im Normalfall (von Natur aus) ist die Anzahl der unterschiedlichen Ladungsträger gleich groß. Nach außen hin ist die Materie elektrisch neutral. Durch den Einsatz verschiedener physikalischer Kräfte ist es möglich, die Ladungen mehr oder weniger voneinander zu trennen.

Durch Energiezufuhr können Elektronen aus der Atomhülle herausgetrennt werden. Das Atom ist dann ein positives Ion. Elektronen können sich auch an ein Atom anlagern. Das Atom ist dann ein negatives Ion.

Körper, die mehr Protonen als Elektronen enthalten, heißen positiv geladen.

Körper, die mehr Elektronen als Protonen enthalten, heißen negativ geladen.

Der Ort mit Elektronenüberschuss wird negativer Pol oder **Kathode** genannt. Am Gegenpol verbleiben gleich viele positive Ladungen. Der positive Pol wird als **Anode** bezeichnet. Sind beide Pole gegeneinander isoliert, so kann kein Ladungsausgleich stattfinden.

Positive und negative Ladungen werden nicht erzeugt, sondern sie entstehen durch Ladungstrennung als Ergebnis von Energiezufuhr. Zur Ladungstrennung muss Arbeit aufgewendet werden. Andere Energien werden in elektrische Energie umgewandelt, indem sie die Ladungstrennung bewirken und aufrechterhalten.

Die bei der Ladungstrennung zugeführte Energie wird in den Ladungen in potenzieller Energie gespeichert.

Energiearten zur Ladungstrennung können sein: Mechanische Energie, chemische Energie, Wärmeenergie oder Lichtenergie. Die Art der Einwirkung der Energie zur Ladungstrennung kann unterschiedlich sein, es folgen einige Beispiele.

- **Umwandlung mechanischer in elektrische Energie**

  Beim mit mechanischer Energie angetriebenen Bandgenerator erfolgt eine Ladungstrennung durch Reibungskraft.

  Wird ein Glasstab mit Seide gerieben, so gehen durch die mechanische Arbeit Elektronen von der Oberfläche des Glasstabes auf die Seide über.

  Wird durch Zufuhr mechanischer Energie ein Leiter in einem zeitlich konstanten Magnetfeld bewegt, so erfolgt eine Ladungstrennung im Leiter (Dynamomaschine, Generator).

- **Umwandlung chemischer in elektrische Energie**

  In Akkumulatoren und Batterien wird die Ladungstrennung infolge von chemischen Reaktionen über längere Zeit aufrechterhalten.

- **Umwandlung von Wärmeenergie in elektrische Energie**

  Zwei verschiedene metallische Leiter mit unterschiedlicher Austrittsarbeit für Elektronen sind kontaktiert und bilden einen Stromkreis. Haben beide Kontaktstellen unterschiedliche Temperaturen, dann tritt eine von der Temperaturdifferenz abhängige Spannung auf (Thermoelement).

- **Umwandlung von Lichtenergie in elektrische Energie**

  Im Fotoelement werden durch Bestrahlung mit Licht negative Ladungen von positiven Ladungen durch die Strahlungsenergie getrennt.

4.1.2.1 Leiter im elektrostatischen Feld, Influenz, elektrischer Fluss

Die Ladungstrennung durch Influenz wurde bereits in Abschnitt 2.5.5.1 besprochen und wird nun wiederholt und etwas vertieft.

Wir betrachten eine Anordnung aus zwei aneinander gefügten Metallplatten. In einem leitenden Material (Metall) sind eine große Zahl von Elektronen frei beweglich. Ohne äußeres Feld befinden sich die Ladungen in einer Position, in der sich die Felder aller Ladungen gegenseitig kompensieren.

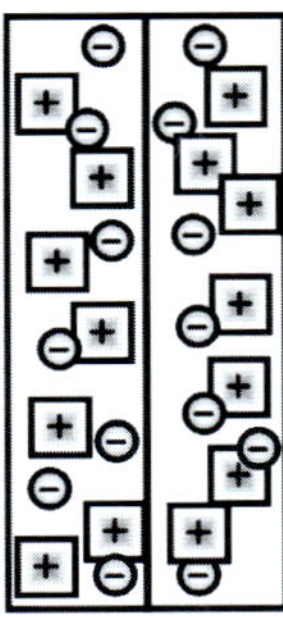

Abb. 41: Ladungen in zwei sich berührenden Metallplatten im Raum ohne elektrisches Feld

Bringt man diesen Doppelkörper in ein homogenes elektrisches Feld (z. B. zwischen zwei planparallele Metallplatten, die mit einer Batterie verbunden und somit geladen sind), so wird auf die Elektronen und die Protonen im Metall die elektrische Kraft $|F| = Q \cdot E$ ausgeübt, siehe auch Gl. (2.38). Die Protonen und die meisten Elektronen (der inneren Schalen) sind durch hohe Kräfte an ihren Ort gebunden und bewegen sich daher unter dem Einfluss der Feldkraft nicht. Aber die freien Elektronen des Metalls wandern entgegengesetzt zur Feldrichtung auf diejenige der beiden verbundenen Metallplatten, die der äußeren positiven Platte gegenübersteht. Im aneinander gefügten Plattenpaar findet somit eine Ladungstrennung statt. An einer Seite des Doppelkörpers verbleiben positive Ladungsträger und an der anderen Seite sammeln sich zusätzliche negative Ladungsträger an.

Durch die Ladungsverschiebung entsteht ein neues Feld, das im Doppelkörper von den positiven zu den negativen Ladungsträgern zeigt. Dieses neue Feld ist also zu dem von außen angelegten Feld entgegengesetzt gerichtet und genau so stark wie das äußere Feld. Beide Felder überlagern sich. Da sie entgegengesetzt gerichtet sind, heben sie sich im Doppelkörper auf. Der Verschiebungsvorgang kommt zum Stillstand, wenn sich äußeres Feld und inneres Gegenfeld genau kompensieren (ca. 10^{-18} s nach Einschalten des äußeren Feldes).

In der Elektrostatik tritt in Metallen oder leitfähigen Materialien kein elektrisches Feld auf.

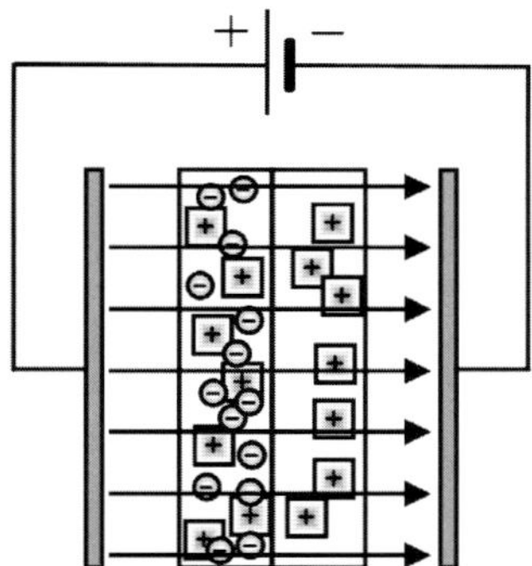

Abb. 42: Durch ein äußeres elektrisches Feld erfolgt eine Ladungsverschiebung, eine Trennung der Ladungen im Plattenpaar

Die Gesamtheit des in obiger Abbildung von der äußeren positiven (linken) Platte ausgehenden und auf die äußere negative (rechte) Platte auftreffenden elektrostatischen Feldes bezeichnet man als **elektrischen Fluss Ψ** oder **Verschiebungsfluss** (auch **Erregungsfluss**). Er verschiebt im inneren Plattenpaar eine Ladung, die gleich groß ist wie die Ladung auf den äußeren Platten. Die Größe des elektrischen Flusses kann also mit der zugehörigen Ladung gleichgesetzt werden.

$$\boxed{\Psi = Q} \qquad [\Psi] = \mathrm{A} \cdot \mathrm{s} = \mathrm{C} \tag{4.1}$$

Mit dem elektrischen Fluss Ψ erhält man im elektrostatischen Feld einen *angenommenen* Fluss, eine Art „Strömungsgröße“, die mit $\Psi = Q$ von der positiven Ladung ausgehend den Feldraum „durchströmt“ und an der Elektrode mit der negativen Ladung $-Q$ endet. Diese Definition erfolgt analog zum Strom im elektrischen Strömungsfeld (Abschnitt 5.2.4.1) und erlaubt es, die dort verwendeten mathematischen Berechnungsverfahren auch im elektrostatischen Feld anzuwenden. Der Begriff Verschiebungsfluss ist etwas verwirrend, da ja der Stromkreis zwischen den beiden äußeren Platten wegen der dazwischen befindlichen isolierenden Luft nicht geschlossen ist, und deshalb im stationären Zustand nichts fließt (es fließen keine Ladungsträger eines Leitungsstroms).

Werden die beiden Platten des Plattenpaares im elektrischen Feld voneinander getrennt, so ist die eine Platte negativ und die andere positiv geladen, wobei die Ladungsstärke auf beiden Platten übereinstimmt. Zwischen den getrennten Platten entsteht ein feldfreier Raum.

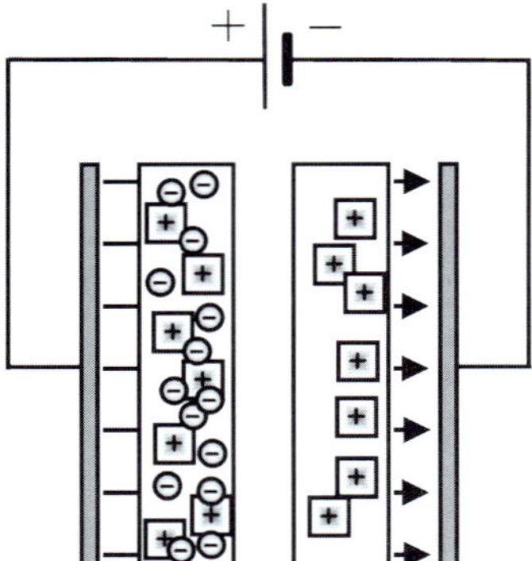

Abb. 43: Werden die beiden Platten im Feld getrennt, so bleibt die Ladungstrennung auf den Platten bestehen

Entfernt man die voneinander getrennten Platten aus dem Feld (bzw. wird das äußere Feld jetzt abgeschaltet), ist die eine Platte immer noch positiv und die andere negativ geladen, da die Überschussladungen nicht abfließen können. Diese im elektrischen Feld auftretende Ladungstrennung wird als **Influenz** bezeichnet und beruht auf der Kraftwirkung des Feldes und der dadurch hervorgerufenen Verschiebung freier Ladungen im Doppelkörper. Zwischen den beiden Platten besteht jetzt ein Feld, dessen Richtung umgekehrt zur Richtung des früheren äußeren Feldes ist. Die Stärke des Feldes ist gleich groß wie die des früheren äußeren Feldes. Das Feld war schon vorher vorhanden, wird aber jetzt erst „erkennbar", da es bisher das äußere Feld kompensierte.

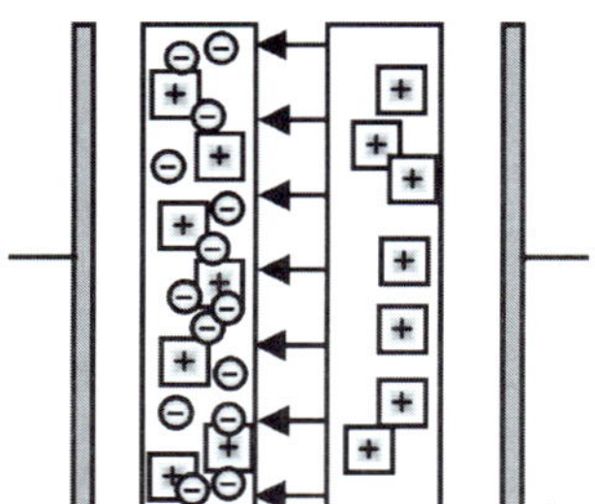

Abb. 44: Das innere Feld wird nach dem Abschalten des äußeren Feldes erkennbar

4.1.2.2 Nichtleiter im elektrostatischen Feld, Polarisation

Der Begriff der Polarisation wurde bereits in Abschnitt 2.5.5.1 erwähnt. In einem Nichtleiter sind die Elektronen an ihre Atome gebunden, sie können sich nicht frei bewegen. Bringt man einen Isolator (der praktisch keine freien Ladungsträger enthält) in ein homogenes elektrisches Feld, so werden die Atome (oder Moleküle) im Material unter dem Einfluss dieses Feldes polarisiert. Dies bedeutet, ihre Elektronenhüllen werden gegenüber den Atomkernen elastisch verschoben, die Atome bzw. Moleküle werden zu Dipolen verformt. Dies führt zu einer *scheinbaren* Ladungstrennung. Die Schwerpunkte der Kerne und der Elektronenhülle der einzelnen Atome verschieben sich gegeneinander. Diese Verschiebung ist in der Größenordnung des Kerndurchmessers. Ein elektrisch isolierender Stoff wird in diesem Zusammenhang als **Dielektrikum** bezeichnet. Die Bildung von Dipolen in einem Dielektrikum wird **dielektrische Polarisation** genannt.

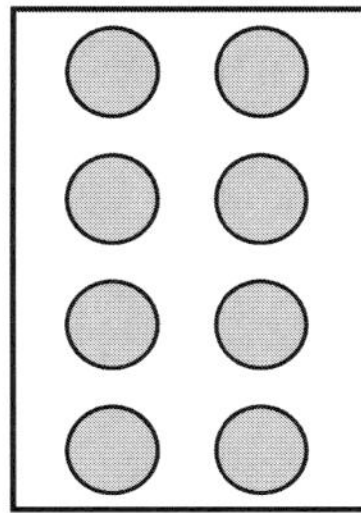

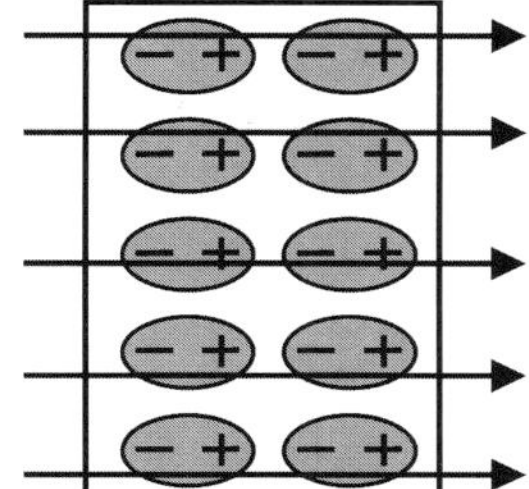

Abb. 45: Elektrisch neutrale Atome im Nichtleiter ohne äußeres elektrisches Feld (links) und durch äußeres elektrisches Feld polarisierte Atome (rechts)

Die polarisierten Ladungen im Inneren des Dielektrikums neutralisieren sich gegenseitig. Die Polaritäten auf den Oberflächen bleiben erhalten und erscheinen als Flächenladungsdichten. Die Wirkung dieser Flächenladungen kann durch ein elektrisches Feld, das dem äußeren Feld entgegengesetztem Polarisationsfeld, beschrieben werden. Analog zur Influenz wird also ein Gegenfeld erzeugt, welches aber das ursprüngliche Feld im Material nur abschwächen, aber nicht aufheben kann. Ein Maß für die Polarisation ist die Dielektrizitätskonstante » ε «. Die Stärke der Polarisation im Dielektrikum ist je nach Stoffart unterschiedlich, der Zahlenwert von ε hängt hauptsächlich von der Art des Materials ab, welches das Dielektrikum bildet.

Bildet ein Vakuum das Dielektrikum, so kann keine Polarisation auftreten, da kein Stoff vorhanden ist. Die für ein Vakuum gültige Dielektrizitätskonstante wird mit ε_0 bezeichnet und heißt **elektrische Feldkonstante,** *absolute Dielektrizitätskonstante* oder *Dielektrizitätskonstante des Vakuums*.

Der Wert der elektrischen Feldkonstanten ist

$$\varepsilon_0 = 8{,}854 \cdot 10^{-12} \frac{\mathrm{As}}{\mathrm{Vm}} \qquad (4.2)$$

Für irgendeinen Stoff lässt sich die **Permittivität** (Dielektrizitätskonstante) in folgender Form darstellen:

$$\varepsilon = \varepsilon_0 \cdot \varepsilon_r \qquad (4.3)$$

Der einheitenlose Faktor ε_{r} in Gl. (4.3) heißt **Permittivitätszahl**, *relative Dielektrizitätskonstante*, *Dielektrizitätszahl* oder *relative Permittivität*. Der Wert von ε_{r} ist je nach Polarisationseigenschaft des verwendeten Dielektrikums unterschiedlich.

Sinnbildlich ausgedrückt: ε_{r} gibt an, wie gut ein Material das elektrische Feld „leitet“.

Die folgende Tabelle gibt die Permittivitätszahlen einiger Stoffe bei $20\ °\mathrm{C}$ an.

Tabelle 8: Permittivitätszahlen verschiedener Stoffe

Stoff	Permittivitätszahl ε_{r}
Vakuum	$1{,}000$
Luft	$1{,}006$
Glimmer	$5....9$
Wasser, destilliert	81
Bariumtitanat	$1000....2000$
Keramikmassen	< 4000

4.2 Ladungsverteilung

Ladungen können entweder an einem Punkt vorliegen, oder auf einer Linie, einer Fläche oder in einem Raumgebiet verteilt sein. Je nach geometrischer Anordnung einzelner Ladungen spricht man von einer Punkt-, Linien-, Flächen-, oder Raumladung. Bei kontinuierlich verteilten Ladungen können **Verteilungsdichten** (Ladungsdichten) angeben werden.

Die folgenden vier Definitionen beschreiben diese Ladungsverteilungen:

- Unter einer **Punktladung** versteht man eine punktförmig idealisierte Ladung Q mit der räumlichen Ausdehnung der Größe null.
- Als **Linienladung** bezeichnet man die stetige Verteilung einer Ladung Q entlang einer Linie der Länge l mit der *Linienladungsdichte* λ.
- Die **Flächenladung** ist definiert als stetige Verteilung einer Ladung Q auf einer Fläche der Größe A mit der *Flächenladungsdichte* σ.
- Eine **Raumladung** ist die stetige Verteilung einer Ladung Q in einem Raumbereich des Volumens V mit der Raumladungsdichte ρ. Die ortsabhängige *Raumladungsdichte* $\rho\left(\vec{r}\right)$ beschreibt die Ladungsanordnung im Raum, sie charakterisiert eine *Raumladungszone*.

ein oder mehrere zur Punktgröße zusammengefasste Ladungsträger

Punktladung

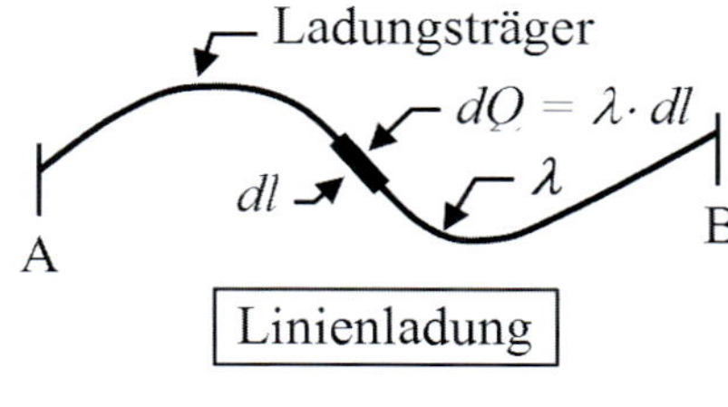

Ladungsträger
dA
σ
dQ = σ· dA
Fläche A

Flächenladung

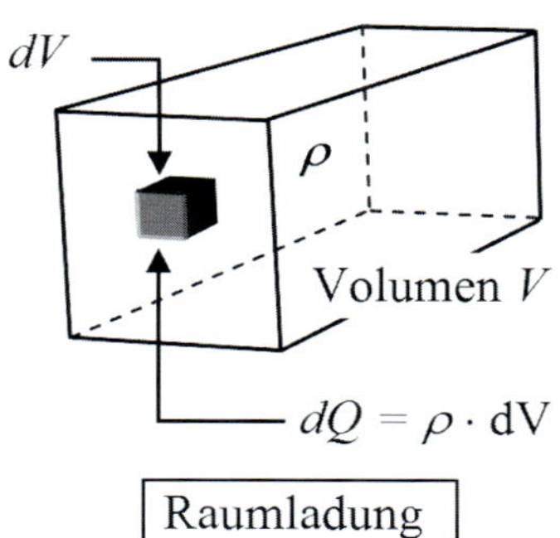

Abb. 46: Ladungsverteilungen

4.2.1 Punktladung

$$\boxed{q} \quad [q] = \mathrm{C} = \mathrm{A} \cdot \mathrm{s} \tag{4.4}$$

Gesamtladung:

$$\boxed{Q = n \cdot q} \tag{4.5}$$

Eine kugelförmige Ladung mit verschwindend kleinem Radius wird Punktladung genannt. Ist die Ladungsmenge einer Punktladung klein im Vergleich zu anderen im Raum vorliegenden Ladungen, so wird diese kleine Ladung Q als *Probeladung* oder *Testladung* bezeichnet.

4.2.2 Linienladungsdichte

Der Querschnitt eines Leiters ist vernachlässigbar, wenn er aus einer Entfernung betrachtet wird, die groß gegenüber seinem Querschnitt ist. Der Leiter kann dann als Linie angesehen werden, er wird als *Linienleiter* bezeichnet. Ist auf der Länge l des Linienleiters die Ladung Q ungleichmäßig verteilt, so wird der Leiter in kleine Stücke der Länge Δl unterteilt. Sind die Teillängen Δl klein genug, so können die darauf befindlichen Teilladungen ΔQ als homogen verteilt aufgefasst werden. Durch eine Grenzwertbetrachtung erhält man den Differenzialquotienten der Linienladungsdichte.

$$\lambda = \lim_{\Delta l \to 0}\left(\frac{\Delta Q}{\Delta l}\right) = \frac{dQ}{dl} \qquad [\lambda] = \frac{\mathrm{C}}{\mathrm{m}} \tag{4.6}$$

Bei **homogener Verteilung** der Ladung Q über die gesamte Leiterlänge l vereinfacht sich diese Gleichung zu

$$\lambda = \frac{Q}{l} \tag{4.7}$$

Linienladungen müssen nicht immer geradlinig und homogen sein. Man kann Ladungen auch entlang von Kurven verteilen und durch ihren Ladungsbelag charakterisieren. Wenn der Ladungsbelag (die Ladungsverteilung längs der Kurve) bekannt ist, kann die gesamte auf der Kurve verteilte Ladung durch Integration (Kurvenintegral) ermittelt werden.

Die Gesamtladung einer auf einer Kurve mit Anfangspunkt A und Endpunkt B verteilten Linienladung $\lambda(\vec{r})$ ist:

$$Q = \int_A^B \lambda(\vec{r})\,dr \tag{4.8}$$

4.2.3 Flächenladungsdichte

$$\sigma = \frac{dQ}{dA} \qquad [\sigma] = \frac{\mathrm{C}}{\mathrm{m}^2} \tag{4.9}$$

Die Schichtdicke einer Flächenladung wird als null angenommen. Mit der Flächenladungsdichte σ lässt sich eine Ladungsverteilung über einer Fläche beschreiben. Die Ortsfunktion $\sigma(x, y, z)$ entspricht der Geometrie einer gekrümmten Fläche. Das Flächenelement dA einer ebenen Fläche ist in kartesischen Koordinaten $dA = dx\,dy$. Ist die Ladung Q **homogen** über der Fläche A **verteilt**, so vereinfacht sich Gl. (4.9) zu

$$\sigma = \frac{Q}{A} \tag{4.10}$$

Die Gesamtladung einer auf einer Fläche A verteilten Flächenladung $\sigma(\vec{r})$ ist:

$$Q = \iint_A \sigma(\vec{r})\,dA \tag{4.11}$$

4.2.4 Raumladungsdichte

$$\rho = \frac{dQ}{dV} \qquad [\rho] = \frac{\mathrm{C}}{\mathrm{m}^3} \tag{4.12}$$

Die Gesamtladung einer im Raum verteilten Raumladung $\rho(\vec{r})$ ist:

$$Q = \iiint\limits_V \rho(\vec{r})\, dV \tag{4.13}$$

Mit der Raumladungsdichte ρ lassen sich beliebige Ladungsverteilungen als Funktion des Raumes (als Ortsfunktion) angeben, z. B. in kartesischen Koordinaten als $\rho(x, y, z)$ oder als $\rho(\vec{r})$ mit $\vec{r}$ = Ortsvektor vom Ursprung zum betrachteten Volumen. Ist die Raumladungsdichte ρ nach Gl. (4.12) für ein Raumgebiet V als Ortsfunktion $\rho(x, y, z)$ oder $\rho(\vec{r})$ bekannt, so kann die Ladung in diesem Raumgebiet durch Integration über das Raumgebiet berechnet werden. Das Volumenelement dV ist in kartesischen Koordinaten $dV = dx\, dy\, dz$.

$$Q = \iiint\limits_V \rho(x, y, z)\, dx\, dy\, dz \tag{4.14}$$

Umgekehrt kann jedoch aus einer innerhalb eines Raumgebietes gegebenen Ladung Q nicht auf jeden Fall deren Verteilung (die Ortsfunktion $\rho(x, y, z)$) berechnet werden. Nur wenn die Ladung Q über den Raum V **homogen verteilt** ist, ist die Raumladungsdichte konstant:

$$\rho = \frac{Q}{V} \tag{4.15}$$

Beispiel 95

Die Linienladungsdichte eines dünnen geladenen Drahtes mit einer über die gesamte Länge $l = 5\ \mathrm{m}$ homogen verteilten Ladung beträgt $\lambda = 4{,}5\ \mathrm{nC/m}$. Wie groß ist die Gesamtladung Q des Drahtes?

Nach Gl. (4.7) ist die Gesamtladung: $Q = \lambda \cdot l = 4{,}5\ \frac{\mathrm{nC}}{\mathrm{m}} \cdot 5\ \mathrm{m}$; $\underline{\underline{Q = 22{,}5\ \mathrm{nC}}}$

Beispiel 96

In einem kartesischen Koordinatensystem entspricht die x-Achse der Breite, die y-Achse der Tiefe und die z-Achse der Höhe eines Körpers. Eine dünne rechteckige Platte mit vernachlässigbarer Höhe liegt bei $z = 0$ in dem Breitenbereich $-a \le x \le a$ und dem Tiefenbereich $-b \le y \le b$. Die Platte trägt die Flächenladungsdichte

$$\sigma(x,y) = \sigma_0 \cdot \left(-\frac{1}{a^2} \cdot x^2 + 1 \right) \cdot \cos\left(\frac{\pi}{2 \cdot b} \cdot y \right); [\sigma] = \mathrm{C/m^2};\ \sigma_0 = \mathrm{const.}$$

Wie groß ist die auf der Platte gespeicherte Gesamtladung Q?

Lösung:

Nach Gl. (4.11) ist die Gesamtladung:

$$Q = \iint_A \sigma dA = \iint_A \sigma(x,y)\,dx\,dy = \int_{-b}^{+b}\int_{-a}^{+a} \sigma_0 \cdot \left(-\frac{1}{a^2} \cdot x^2 + 1 \right) \cdot \cos\left(\frac{\pi}{2 \cdot b} \cdot y \right) dx\,dy$$

$$Q = \sigma_0 \cdot \int_{-a}^{+a} \left(-\frac{1}{a^2} \cdot x^2 + 1 \right) dx \cdot \int_{-b}^{+b} \cos\left(\frac{\pi}{2 \cdot b} \cdot y \right) dy;$$

mit $\int \cos(k \cdot x)\,dx = \frac{1}{k} \cdot \sin(k \cdot x)$ folgt:

$$Q = \sigma_0 \cdot \left[-\frac{1}{a^2} \cdot \frac{1}{3} \cdot x^3 + x \right]_{-a}^{+a} \cdot \left[\frac{2 \cdot b}{\pi} \cdot \sin\left(\frac{\pi}{2 \cdot b} \cdot y \right) \right]_{-b}^{+b}$$

$$Q = \sigma_0 \cdot \left[-\frac{a^3}{3 \cdot a^2} + a - \left(\frac{(-a)^3}{3 \cdot a^2} - a \right) \right] \cdot \left[\frac{2 \cdot b}{\pi} \cdot \sin\left(\frac{\pi \cdot b}{2 \cdot b} \right) - \frac{2 \cdot b}{\pi} \cdot \sin\left(\frac{\pi \cdot (-b)}{2 \cdot b} \right) \right]$$

Mit $\sin\left(\frac{\pi}{2} \right) = 1$ und $\sin\left(-\frac{\pi}{2} \right) = -1$ folgt:

$$Q = \sigma_0 \cdot \left(-\frac{a}{3} + 2a - \frac{a}{3} \right) \cdot \left(\frac{2b}{\pi} + \frac{2b}{\pi} \right); \underline{\underline{Q = \sigma_0 \cdot \frac{16}{3 \cdot \pi} \cdot a \cdot b}}$$

Wird die Flächenladungsdichte $\sigma(x,y)$ mit einem Mathematikprogramm wie Maple grafisch dargestellt, so ergibt sich der in der nächsten Abbildung dargestellte Verlauf. Zur Normierung wurde gesetzt: $\sigma_0 = a = b = 1$. Aufgetragen in z-Richtung besitzt die Funktion $\sigma(x,y)$ ihr Maximum bei $x = 0$ und $y = 0$. Für $\sigma_0 > 0$ ist $\sigma(x,y)$ über der gesamten Platte positiv. Bei den Grenzen $x = \pm a$ und $y = \pm b$ verschwindet $\sigma(x,y)$. Die Gesamtladung Q entspricht dem Volumen unter der Funktionsfläche $\sigma(x,y)$.

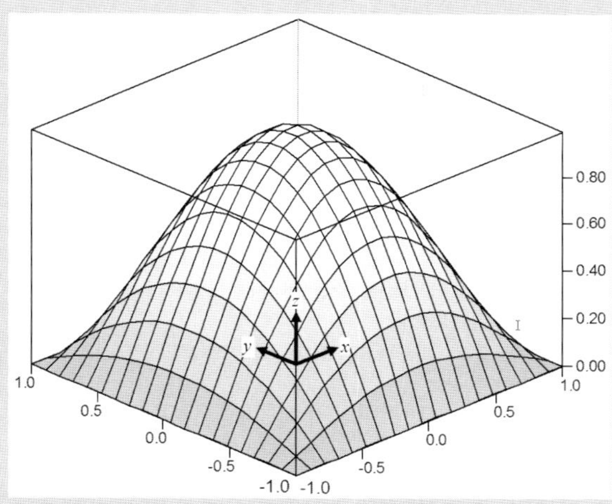

Abb. 47: Flächenladungsdichte $\sigma(x,y)$

Beispiel 97

Eine Kugel aus Kunststoff mit dem Radius $r = 10\ \mathrm{cm}$ ist im Inneren gleichmäßig geladen. Die Raumladungsdichte im Kugelinneren beträgt $\rho = 450\ \mathrm{nC/m^3}$. Wie groß ist die Gesamtladung Q der Kugel?

Lösung:

Das Volumen V einer Kugel mit dem Radius r ist $V = \frac{4}{3} \cdot \pi \cdot r^3$.

Nach Gl. (4.15) ist die Gesamtladung: $Q = \rho \cdot V = 450\ \frac{\mathrm{nC}}{\mathrm{m^3}} \cdot \frac{4}{3} \cdot \pi \cdot (0{,}1\ \mathrm{m})^3$;

$\underline{\underline{Q = 1{,}89\ \mathrm{nC}}}$

Beispiel 98

Eine Raumladung ist kugelsymmetrisch verteilt. Die Raumladungsdichte um den Kugelmittelpunkt ist gegeben durch:

$\rho(r) = \rho_0 \cdot r;\ [\rho] = \frac{\mathrm{C}}{\mathrm{m^3}};\ \rho_0 = \mathrm{const.}$

Wie groß ist die in einem kugelförmigen Volumen mit variablem Radius r enthaltene Ladung $Q(r)$?

Lösung:

Die in einem Raumgebiet eingeschlossene Ladung ist nach Gl. (4.13):

$Q = \iiint_V \rho(\vec{r})\,dV$.

Die Ortsfunktion der Ladungsverteilung ist hier nicht in kartesischen Koordinaten als $\rho(x,y,z)$ gegeben, sondern als Funktion des Kugelradius r. Die Oberfläche einer Kugel ist $A_{Kugel} = 4\pi r^2$. Ist r der Radius eines kugelförmigen Gebietes, so kann ein Volumenelement dieser Kugel geschrieben werden als $dV = 4\pi r^2 \cdot dr$. Um sich dies zu verdeutlichen, kann man sich die Kugel aus differenziell dünnen, übereinander liegenden Schichten mit der Dicke dr vorstellen. Eine solche infinitesimal dünne Schicht hat dann das Volumen dV. Für das Volumenintegral erhält man jetzt $Q = \iiint\limits_V \rho(r)\,dV$.
Somit ist $Q(r) = \int\limits_0^r \rho(r')4\pi r'^2\,dr'$. Da die obere Integrationsgrenze variabel gewählt und auch mit r bezeichnet wurde, musste die Integrationsvariable r zu r' umgewandelt werden. Es folgt:

$$Q(r) = \int\limits_0^r \rho_0 \cdot r' \cdot 4\pi r'^2\,dr' = 4\pi\rho_0 \cdot \int\limits_0^r r'^3 dr' = 4\pi\rho_0 \cdot \left[\frac{r'^4}{4}\right]_0^r; \quad \underline{\underline{Q(r) = \pi \cdot \rho_0 \cdot r^4}}$$

4.3 Elektrische Ladung (Elektrizitätsmenge)

Bei den bisherigen Betrachtungen wird angenommen, dass die Ladungsträger in geladenen Körpern an Atomkerne gebunden sind, oder zwischen den Atomrümpfen thermisch bedingte, ungeordnete Bewegungen in beliebige Richtungen ausführen, wenn es sich um freie Elektronen handelt (die in Abschnitt 4.5.1.1 genauer erläutert werden). Die Ladungsträger werden als ruhend betrachtet, da sie keine Bewegung in eine bestimmte Vorzugsrichtung ausführen. Die Menge an Ladungsträgern (die Menge an Elektrizität) bezeichnet man als **Ladung**.

Die elektrische Ladung Q eines Körpers ist ein Maß für Überschuss oder Mangel an ruhenden, elektrischen Ladungsträgern.

Die Lehre der ruhenden (sich nicht mit der Zeit ändernden, also statischen) Ladungen wird als **Elektrostatik** bezeichnet. Hierzu gehören das elektrische Feld und das elektrostatische Potenzial sowie die Effekte der elektrischen Polarisation bei Stoffen ohne frei bewegliche Ladungsträger (sog. Dielektrika) und der Influenz (Ladungstrennung) in Materie mit freien Ladungsträgern (Leitern). Die Elektrostatik beschreibt die Ursache elektrischer Felder und die Wirkungen der Felder auf ruhende Ladungen. Die **Elektrodynamik** hingegen ist die Lehre von den bewegten Ladungen.

Der Zustand eines Körpers (d. h. seine Wirkung auf andere Körper) kann durch einen „Ladungszustand" des Körpers und somit durch seine Ladung Q beschrieben werden.

Elektrische Ladung ist „gequantelt“, d. h. sie kommt nur in ganzzahligen Vielfachen der Elementarladung vor. Q ist ein Maß für die Menge an Elementarladungen.

$$\boxed{Q = \pm \mathrm{n} \cdot e} \text{ mit } n = 1,\ 2,\ 3 \ldots;\ e = 1{,}602 \cdot 10^{-19}\ \mathrm{C} \tag{4.16}$$

Die Einheit der Ladung ist das Coulomb.

$$[Q] = 1\ \mathrm{C} = 1\ \mathrm{A} \cdot \mathrm{s} \quad (\mathrm{C} = \text{Coulomb}) \tag{4.17}$$

Kleinste Einheiten:

$Q = +e$, z. B. Ladung eines Protons, $Q = -e$, z. B. Ladung eines Elektrons.

Eine negative Ladung von 1 Coulomb besteht aus ca. $6{,}24 \cdot 10^{18}$ Elektronen.

Ladungserhaltung

Die Gesamtladung Q eines abgeschlossenen Systems ist stets konstant. Dies ist der Ladungserhaltungssatz, der als empirische Tatsache gilt.

- Die elektrische Ladung bleibt erhalten. Sie kann weder erzeugt noch vernichtet werden (analog zur Energie).
- Die Ladungserhaltung ist lokal. Um in einem beliebigen Raumgebiet die elektrische Ladung zu verändern, ist ein Ladungstransport durch die Gebietsgrenze notwendig.

4.4 Kräfte zwischen Ladungen

Der französische Physiker C. A. Coulomb wies 1785 mit Experimenten nach, dass elektrische Ladungen Kräfte aufeinander ausüben. Er stellte fest:

- Elektrische Ladungen mit gleichem Vorzeichen stoßen sich ab, elektrische Ladungen mit ungleichem Vorzeichen ziehen sich an.
- Die Kraft ist proportional zum Produkt $Q_1 \cdot Q_2$ zweier Ladungen.
- Die Kraft entlang der Verbindungslinie ist indirekt proportional zum Quadrat des Abstands der Ladungen voneinander.

Coulomb’sches Gesetz:

$$\boxed{F = \frac{1}{4 \cdot \pi \cdot \varepsilon_0 \cdot \varepsilon_r} \cdot \frac{Q_1 \cdot Q_2}{r^2}} \tag{4.18}$$

F = Kraft zwischen den Ladungen, $\varepsilon_0 = 8{,}854 \cdot 10^{12} \; \dfrac{\mathrm{A \cdot s}}{\mathrm{V \cdot m}}$ = elektrische Feldkonstante,

ε_r = Dielektrizitätszahl der Q_1, Q_2 umgebenden Materie, Vakuum: $\varepsilon_r = 1$, Luft: $\varepsilon_r = 1{,}006$

Q_1, Q_2 = Menge der (als **punktförmig** angenommenen) Ladungen, r = Abstand der Ladungen

$Q_1 > 0,\ Q_2 > 0:\ F > 0 \Rightarrow$ Abstoßung

$Q_1 > 0,\ Q_2 < 0$ oder $Q_1 < 0,\ Q_2 > 0:\ F < 0 \Rightarrow$ Anziehung

Gleichnamige Ladungen stoßen sich ab. Ungleichnamige Ladungen ziehen sich an.

Mehrere Ladungsträger beeinflussen sich gegenseitig. Diese Kräfteeinwirkung bedarf weder eines direkten Kontaktes noch eines Mediums. Allerdings kann ein Medium die Stärke dieser Kräfte verändern. Materie zwischen Ladungen reduziert die Coulombkraft.

Die Kräfte zwischen Ladungen hängen vom Medium ab:

1. Im Vakuum sind die Kräfte am größten.
2. Luft verringert die Coulomb'schen Kräfte.
3. In Metallen sind die Kräfte am kleinsten.

Mit der Anziehung bzw. Abstoßung elektrischer Ladungen können viele elektrische Sachverhalte anschaulich erklärt werden. Eine Batterie ist eine allgemein bekannte Spannungsquelle (eigentlich eine „Ladungsquelle", eine Energiequelle). Die elektrische Spannung kann man sich bildlich als „Druck" technisch angehäufter Elektronen vorstellen, sich wegen der gegenseitigen Abstoßung voneinander zu entfernen und zu einem Ort mit weniger Elektronen zu fließen, also einen Ladungsausgleich herzustellen.

Anmerkung: Die elektrische Anziehungskraft (Coulombkraft) zwischen Atomkern und Elektronen kompensiert die Fliehkraft der Elektronen auf den Umlaufbahnen und ist die notwendige Kraft für den Zusammenhalt der Atome.

4.5 Elektrische Leitfähigkeit

Elektrischer Strom kann thermische, magnetische oder chemische Wirkungen haben. Wird ein Stromkreis aus unterschiedlichen Materialien gebildet, so ist die Stärke der Wirkung des Stromes verschieden, auch wenn die selbe Quelle (Spannungsquelle als Energiequelle, die Ladungen bereitstellt) verwendet wird. Der Leitungsmechanismus und somit das elektrische Leitungsverhalten von diversen Materialien kann in drei Kategorien gegliedert werden. Je nach Zahl der frei beweglichen Ladungsträger pro Stoffvolumen werden Werkstoffe der Elektrotechnik in Leiter, Nichtleiter (Isolatoren) und Halbleiter eingeteilt.

4.5.1 Leiter

Leiter sind Stoffe, bei denen in einem Stromkreis starke Wirkungen entstehen. Metalle sind sehr gute elektrische Leiter. Gute Leiter haben einen kleinen elektrischen Widerstand, sie können entsprechende Energie bzw. Leistung führen, ohne dass in ihnen nennenswerte Verluste entstehen (Verlustleistung in Form von unerwünschter Wärme). Beispiele für technisch wichtige Metalle sind Kupfer, Aluminium, Silber, Gold.

4.5.1.1 Elektronenleiter

Bei Leitern ist die äußerste Elektronenschale meist mit ein bis drei Elektronen besetzt. Metalle bilden Kristalle, ohne dass die Valenzelektronen an der Bindung der Atome im Kristallgitter beteiligt sind. Bei Zimmertemperatur können sich durch Zufuhr von Wärme diese Valenzelektronen vom Atom lösen, die Metallatome werden ionisiert. Es bildet sich ein Raumgitter aus feststehenden positiven Metallionen (Atomrümpfen). Darin befinden sich zwischen den Atomen frei bewegliche Elektronen, die als „freie“ Elektronen bezeichnet werden (oder als „Leitungselektronen“). Da metallische Leiter viele frei bewegliche Ladungsträger enthalten, spricht man in diesem Zusammenhang auch vom „Elektronengas“. Das klassische Elektronengas ist zwar das einfachste Modell für Elektronen in einem Festkörper, mit ihm kann aber die Leitfähigkeit von Metallen und die dadurch ermöglichten Vorgänge der Stromleitung anschaulich erklärt werden.

Die Menge der freien Ladungsträger pro Volumeneinheit wird durch die *Ladungsträgerdichte* angegeben. In Metallen ist die Dichte freier Elektronen in etwa gleich der Anzahl vorhandener Atome und beträgt ca. $n_e \approx 10^{23}\ \text{cm}^{-3}$.

Metallische Leiter werden als Elektronenleiter und als Leiter 1. Ordnung bezeichnet, weil mit dem Stromfluss kein Materietransport verbunden ist.

Anmerkung: Auch Kohlenstoff ist ein Elektronenleiter.

Im Metall bewegen sich die freien Elektronen im Gitter der Atome durch die Wärmebewegung ungeordnet in alle Richtungen, ähnlich wie die Moleküle eines Gases. Wird durch eine Quelle ein elektrisches Feld erzeugt und somit auf die Elektronen eine Kraft ausgeübt, so bewegen sie sich zusätzlich in einer Vorzugsrichtung, es erfolgt eine Elektronenströmung (Driftbewegung). Technische Anwendungen der Elektrotechnik basieren im Wesentlichen auf dem Fluss von Elektronen.

Anmerkung: Eine Elektronenströmung tritt auch beim Durchgang einer Ladung durch das Vakuum auf, wie es in Elektronenröhren der Fall ist.

Die Leitfähigkeit von Metallen nimmt mit zunehmender Temperatur ab. Der Grund ist die mit wachsender Temperatur zunehmende Anzahl von Zusammenstößen der freien Elektronen mit den stärker um ihre Ruhelage schwingenden Atomrümpfen, wodurch die Elektronen abgebremst werden und ihre mittlere Bewegungsgeschwindigkeit sinkt.

4.5.1.2 Ionenleiter

Bei der Ionenströmung werden die elektrische Ladungen nicht mit Elementarteilchen sondern mit Atomen oder Molekülen befördert. Haben die stofflichen Träger in der Elektronenhülle mehr Elektronen als positive Kernladungen, so handelt es sich um negative, im umgekehrten Fall um positive Ionen. Ionenströmung liegt bei der elektrolytischen Leitung und bei Entladungserscheinungen in Gasen vor.

Wässrige Lösungen von Salzen, Säuren und Basen heißen **Elektrolyte**. Elektrolyte und ionisierte Gase sind Ionenleiter. Bei Ionenleitern lassen sich die Moleküle in elektrisch entgegengesetzt geladene Teile aufspalten, die einander nicht mehr fest zugeordnet und deshalb frei beweglich sind. Ein Beispiel für einen flüssigen Leiter ist die Lösung von Kochsalz (NaCl) in Wasser. Die $\mathrm{H_2O}$-Dipole spalten die Ionenverbindung der elektrisch neutralen Kochsalzmoleküle in elektrisch positiv und negativ geladene Anteile (Ionen) auf, die unabhängig voneinander frei beweglich sind ($\mathrm{NaCl} \rightarrow \mathrm{Na^+} + \mathrm{Cl^-}$). Die Aufspaltung gelöster Moleküle in Ionen nennt man *elektrolytische Dissoziation*. In einem durch eine Gleichspannung hervorgerufenen elektrischen Feld wandern positive Ionen in Feldrichtung (von Plus nach Minus) zur Kathode, sie werden deshalb Kationen genannt. Die negativ geladenen Ionen wandern gegen die Feldrichtung zur Anode und heißen Anionen. Unter Einwirkung eines elektrischen Feldes werden somit Ladungen transportiert.

Die Anionen geben an der Anode Elektronen ab (Oxidation), die Kationen nehmen an der Kathode Elektronen auf (Reduktion). In beiden Fällen werden die Ionen in neutrale Moleküle zurückverwandelt. Je nach Aggregatzustand entweichen sie dann als Gasbläschen oder lagern sich als fester Niederschlag an den Elektroden ab. Der Ladungstransport ist gleichzeitig mit einem Stofftransport verbunden (Leitung 2. Ordnung). Genutzt wird dies bei der *Elektrolyse* z. B. zum Abscheiden von Stoffen (galvanisches Überziehen mit Metallschichten).

Gase sind grundsätzlich Nichtleiter. Durch äußere Energiezufuhr wie Wärme, Strahlung oder starke elektrische Felder können Gase jedoch ionisiert werden. Die Nutzung Strom leitender Gase erfolgt z. B. in der Beleuchtungstechnik (Leuchtstoffröhren).

4.5.1.3 Stromrichtung

Die Festlegung der Stromrichtung (Stromflussrichtung) erfolgte zu einer Zeit, als das Bohr'sche Atommodell noch nicht bekannt war. Als positive Richtung der elektrischen Strömung wurde die Bewegungsrichtung ausgeschiedener Metalle (positiver Ionen) in elektrolytischen Lösungen festgelegt. Im äußeren Stromkreis (außerhalb der Quelle) ist deshalb die Strömungsbewegung (die **Richtung des Stromes**) als die **Bewegungsrichtung positiver Ladungen** definiert. Dies wird auch heute noch als positive Strömungsrichtung verwendet, obwohl in Metallen die Strömung durch negative Ladungen (Elektronen) vom Minuspol zum Pluspol der Quelle getragen wird.

Im äußeren Stromkreis fließen die Elektronen vom Minuspol zum Pluspol der Quelle.

Diese *physikalische Stromrichtung* hat jedoch kaum eine Bedeutung. Die im äußeren Stromkreis als Fluss positiver Ladungen definierte Stromrichtung wird **technische Stromrichtung** (oder konventionelle Stromrichtung) genannt.

In allen elektrischen Schaltbildern wird die technische Stromrichtung (entgegengesetzt zur Flussrichtung der Elektronen) angegeben. Im äußeren Stromkreis ist die Stromrichtung vom Pluspol zum Minuspol der Quelle definiert.

Physikalische und technische Stromrichtung sind entgegengesetzt gerichtet.

Die Festlegung der technischen Stromrichtung muss bei der Betrachtung elektrischer Zusammenhänge konsequent befolgt werden, sonst sind Fehler bei Untersuchungen und Berechnungen unabwendbar.

4.5.2 Nichtleiter (Isolatoren)

Nichtleiter werden als Isolatoren bezeichnet. Es sind Stoffe, bei denen in einem Stromkreis keine oder nur sehr schwache Wirkungen beobachtet werden können. Isolatoren haben einen sehr großen elektrischen Widerstand und verhindern einen Stromfluss. Es gibt feste, flüssige und gasförmige Nichtleiter. Beispiele für technisch wichtige Isolatoren sind Vakuum, Hartpapier, Glimmer, Porzellan, Gummi, Keramik, Kunststoffe, Glas, spezielle Öle, Luft, Schwefelhexafluorid (SF_6), Edelgase.

Ein *idealer* Nichtleiter besitzt keine beweglichen Ladungsträger, nur Vakuum ist ein idealer Isolator. *Reale* Nichtleiter sind nichtmetallische Stoffe und Verbindungen, die fast keine frei beweglichen Ladungsträger besitzen.

Ladungen verbleiben bei Nichtleitern an den Stellen, an denen sie aufgebracht werden, es sind nur geringe Ladungsverschiebungen (oder bei Dipolen Drehungen) möglich. **Isolatoren können also elektrisch geladen werden.** Sie verfügen dann über ortsfeste elektrische Ladungen, die felderzeugend wirken.

In Isolatoren (z. B. Kunststoffen) kann somit ein elektrisches Feld bestehen bleiben, da die Ladungen nicht abfließen bzw. sich nicht ausgleichen können. Gute Isolatoren neigen zu einer häufig ungewollten statischen Aufladung. **Dagegen ist in elektrischen Leitern (z. B. Metallen) kein elektrostatisches Feld möglich, da es sofort zu einem Ladungsausgleich kommt.**

4.5.3 Halbleiter

Halbleiter zeigen in einem Stromkreis Wirkungen, die bei Raumtemperatur oder in reinem Zustand des Halbleiters um Größenordnungen kleiner sind als bei Leitern, bei höheren Temperaturen bzw. bei gezielter Einlagerung von Fremdatomen jedoch denen von Leitern nahe kommen. Halbleitermaterialien werden in *Elementhalbleiter* und *Verbindungshalbleiter* unterteilt. Beispiele für Elementhalbleiter sind Selen, Germanium und Silizium (Elemente der IV. Hauptgruppe des Periodensystems). Silizium (Si) ist der bekannteste und in der Elektronik wichtigste Halbleiter. Verbindungshalbleiter bestehen aus mindestens zwei Komponenten, Beispiele sind Galiumarsenid (GaAs), Indiumantimonid (InSb), Zinkoxid (ZnO).

Halbleiter sind feste Stoffe, welche in reinem Zustand sehr wenig bewegliche elektrische Ladungsträger aufweisen, gegenüber Leitern ist die Dichte der frei beweglichen Ladungsträger um Zehnerpotenzen geringer. Bei Halbleitern entstehen frei bewegliche Ladungsträger erst durch Energiezufuhr von außen (Wärme, Licht, Strahlung) oder, und dies ist der technisch wichtige Fall, durch das gezielte Einbringen bestimmter Fremdatome in das Atomgitter. Ladungsträger sind bei Halbleitern nicht nur frei bewegliche Elektronen, sondern auch Fehlstellen von Elektronen, die als *Defektelektronen* oder **Löcher** bezeichnet werden. Diese Fehlstellen bewegen sich scheinbar durch das Kristallgitter und verhalten sich wie positive Ladungsträger.

Die Kristallstruktur von regelmäßig aufgebauten Festkörpern kann unterschiedlich sein. Die Elementhalbleiter Silizium und Germanium haben ein Kristallgitter von Atomen, welches als *Diamantstruktur* bezeichnet wird. Diese Halbleiterkristalle mit Diamantgitter erhalten bewegliche Ladungsträger durch bewusst eingebaute Gitterstörungen. Dies ist die so genannte **Dotierung** mit Fremdatomen aus der dritten oder fünften Gruppe im Periodensystem, z. B. Indium, Arsen, Gallium, Antimon.

Zur Beschreibung der Leitung in Halbleitern wird häufig das *Bändermodell* mit Valenzband und Leitungsband verwendet. In Halbleitern sind Valenzband und Leitungsband durch eine (Energie-) Lücke voneinander getrennt. Durch die Zuführung von Energie können einzelne Elektronen das Valenzband verlassen und in das Leitungsband gehoben werden. Dabei muss die Energie mindestens der energetischen Breite der *verbotenen Zone* (der Energielücke) entsprechen. Diesen Vorgang nennt man **Generation**. Ein Elektron im Leitungsband ist frei beweglich und kann somit zum Stromtransport beitragen. Außerdem hinterlässt es im Valenzband ein Loch, so dass andere Elektronen die Möglichkeit haben diese Position einzunehmen. Dies führt zur Wanderung eines Loches. Von außerhalb des Kristalls entsteht der Eindruck als würden im Halbleiter frei bewegliche positive Ladungen (Löcher) existieren, die außer den Elektronen ebenfalls zum Stromtransport beitragen. Durch die Generation ist also ein Elektron-Loch-Paar entstanden. Solche Paare haben aber nur eine bestimmte Lebensdauer. Danach fällt das Elektron von seinem energetisch höheren Niveau zurück auf einen freien Platz im Valenzband. Das Elektron-Loch-Paar ist damit wieder verschwunden. Diesen Vorgang bezeichnet man als **Rekombination**.

Bei Halbleitern wird zwischen *Eigenleitung* in reinen Halbleitern (ohne Fremdatome) mit gleich hohen Dichten von Elektronen und Löchern und *Störstellenleitung* in dotierten Halbleitern mit unterschiedlicher Dichte der beiden Ladungsträgerarten unterschieden. Von technischer Bedeutung sind nur dotierte Halbleiter. Reine Halbleiter sind praktisch Isolatoren ohne Anwendungen in der Elektronik. Die Dichte frei beweglicher Ladungsträger ist bei dotierten Halbleitern in der Größenordnung von 10^{15} bis 10^{19} pro cm^3.

Aus der Kombination von n-Halbleitern mit überwiegend Elektronen und p-Halbleitern mit überwiegend Löchern als frei bewegliche Ladungsträger werden z. B. Dioden, Transistoren und integrierte Schaltungen hergestellt.

Die Leitfähigkeit von Halbleitern ist stark temperaturabhängig, sie nimmt mit steigender Wärme zu (und nicht ab, wie bei Metallen). Mit zunehmender Temperatur vergrößert sich zwar auch bei Halbleitern die Anzahl der Zusammenstöße von Ladungsträgern mit Atomrümpfen, wodurch die Leitfähigkeit verringert wird. Gleichzeitig werden aber durch die Energiezufuhr mehr freie Ladungsträgerpaare generiert. Dieser zweite Effekt überwiegt bei weitem, die Leitfähigkeit nimmt mit steigender Temperatur zu.

4.6 Zusammenfassung

1. Ladung ist immer an Materie gebunden.
2. Materie besteht aus Atomen und Molekülen.
3. Ein Atom besteht aus einem Atomkern mit positiv geladenen Protonen und elektrisch neutralen Neutronen und einer Atomhülle mit den negativ geladenen Elektronen.
4. Es gibt positive und negative Ladungen.
5. Die kleinste Ladungsmenge ist die Elementarladung.
6. Ladung des Elektrons: $e = -1{,}602 \cdot 10^{-19}\ \mathrm{C}$,
   Ladung des Protons: $e = +1{,}602 \cdot 10^{-19}\ \mathrm{C}$
7. Ladung existiert nur als ganzzahliges Vielfaches der Elementarladung.
8. Durch Ladungstrennung entstehen positiv oder negativ geladene Körper.
9. Die Ladung eines Körpers beschreibt Überschuss oder Mangel an Ladungsträgern.
10. Als Ladungsverteilung gibt es Punkt-, Linien-, Flächen-, und Raumladungen.
11. Ladung kann weder erzeugt noch vernichtet werden.
12. Gleichnamige Ladungen stoßen sich ab. Ungleichnamige Ladungen ziehen sich an.
13. Werkstoffe werden nach ihrer Leitfähigkeit in Leiter, Nichtleiter (Isolatoren) und Halbleiter eingeteilt.
14. Der elektrische Widerstand gibt die Behinderung des Ladungsflusses durch Materie an.
15. In Metallen ist die Dichte freier Elektronen ca. $n_e \approx 10^{23}\ \mathrm{cm}^{-3}$.
16. Die Leitfähigkeit von Metallen nimmt mit zunehmender Temperatur ab (der Widerstand wird größer).
17. Im äußeren Stromkreis fließen die Elektronen vom Minuspol zum Pluspol der Quelle (physikalische Stromrichtung). Wichtig ist die technische Stromrichtung vom Pluspol zum Minuspol der Quelle.
18. Beim Halbleiter können Ladungsträger Elektronen und Löcher sein. Löcher sind Elektronenfehlstellen mit positiver Elementarladung und werden wie Teilchen angesehen.
19. Das gezielte Einbringen von Fremdatomen in das Kristallgitter eines Halbleiters heißt Dotieren.

20. Durch das Dotieren wird die Leitfähigkeit eines Halbleiters erhöht und eine technisch nutzbare Störstellenleitung ermöglicht.

21. Durch Generation wird ein Elektron-Loch-Paar erzeugt, durch Rekombination verschwindet es.

22. Die Leitfähigkeit von Halbleitern nimmt mit steigender Temperatur zu (der Widerstand wird kleiner).

23. In Halbleitern ist die Dichte frei beweglicher Ladungsträger ca. $10^{15}...10^{19}\ \text{cm}^{-3}$.

5 Grundlagen elektrischer Stromkreise

5.1 Ladung und elektrischer Strom

5.1.1 Bewegung von Ladungsträgern

Oberhalb des absoluten Nullpunktes (–273,15 °C) führen freie Ladungsträger in einem Leiter oder Halbleiter Bewegungen aus, da die Zufuhr thermischer Energie die kinetische Energie der Teilchen erhöht. Durch verschiedene Wechselwirkungen mit den übrigen Teilchen sind Richtung und Betrag der Ladungsträgergeschwindigkeit rein zufällig und haben keinen Mittelwert. Da es keine Vorzugsrichtung gibt, fließt im Mittel auch kein Strom durch einen Leiter. Zwischen den Endpunkten eines Leiters ergibt sich durch die ungeordnete Wärmebewegung der Ladungsträger (*Brown'sche Molekularbewegung*) eine statistisch schwankende Spannung, die als *thermische Rauschspannung* bezeichnet wird. Wird durch eine äußere Energiequelle (Spannungsquelle) ein elektrisches Feld im Leiter erzeugt, so wird durch die Kraftwirkung des Feldes auf die Ladungsträger deren ungeordneten Bewegung eine gerichtete Bewegung überlagert. Diese Bewegung in eine Vorzugsrichtung kann nur durch äußere Zufuhr von Energie aufrechterhalten werden. Die insgesamt resultierende Bewegung wird als *Driftbewegung* bezeichnet. Die in eine Richtung weisende mittlere Geschwindigkeit der Ladungsträger heißt dann **Driftgeschwindigkeit**. Durch die Driftbewegung werden unter Einfluss des elektrischen Feldes Ladungen transportiert.

Der gerichtete Fluss der elektrischen Ladung wird als elektrischer Strom bezeichnet.

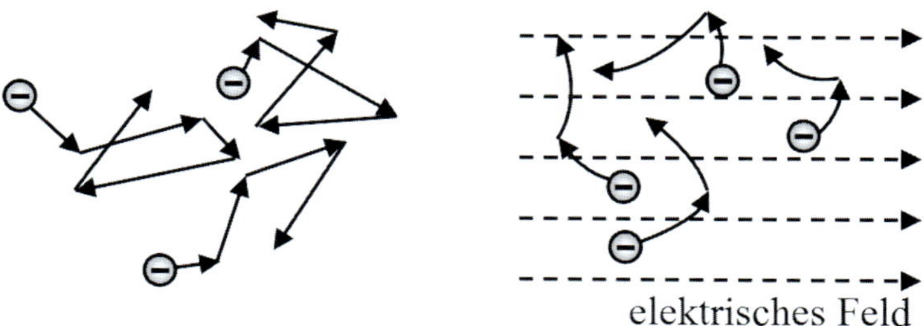

Abb. 48: Wärmebewegung (links) und Driftbewegung (rechts) von Elektronen

5.1.2 Konvektions- und Verschiebungsstrom

Es gibt zwei Arten des elektrischen Stroms: Den Konvektionsstrom im Leiter und den Verschiebungsstrom im Nichtleiter.

5.1.2.1 Konvektionsstrom, Leitungsstrom

Strom ist die Bewegung von elektrischen Ladungsträgern (Elektronen, Ionen) in einer Vorzugsrichtung. Fließen die Ladungsträger durch ein ruhendes Medium, z. B. einen Leitungsdraht, so spricht man von *Leitungsstrom*. Bewegen sich die Ladungsträger nicht durch die Einwirkung eines elektrischen Feldes, sondern werden durch eine von anderen Kräften hervorgerufenen Bewegung von einem Träger (z. B. von geladenen Staubpartikeln, kleinen Tropfen einer Flüssigkeit, strömenden Medien) durch den Raum transportiert, so spricht man von *Konvektionsstrom*. – Eine Definition mittels bewegter Masse von Ladungsträgern führt dazu, unter Konvektions- und Leitungsstrom das Gleiche zu verstehen. Ladungen sind immer an Materie gebunden, mit der elektrischen Strömung von Ladungsträgern erfolgt immer eine Bewegung der Masse von Elektronen oder Ionen. Dieser durch eine Ladungsbewegung getragene elektrische Strom wird als Konvektions- oder Leitungsstrom bezeichnet. Man spricht auch von einem *Teilchenstrom*.

5.1.2.2 Verschiebungsstrom

Außer dem elektrischen Konvektionsstrom, der durch Ladungsträgerverschiebungen zustande kommt, gibt es auch einen elektrischen Strom ohne Bewegung von Masse, der somit auch keinen materiellen Leiter benötigt. Er entsteht durch zeitliche Ladungsänderungen von zwei Elektroden, zwischen denen sich ein Nichtleiter befindet. Dieser Strom entspricht einem sich zeitlich ändernden elektrischen Feld und wird als *Verschiebungsstrom* bezeichnet.

Ein Plattenkondensator besteht aus zwei planparallel gegenüberstehenden Metallplatten mit einem Isolierstoff (genannt Dielektrikum) zwischen den Platten. Wird jeweils eine Platte mit einem der beiden Pole einer Gleichspannungsquelle verbunden, so wird der Kondensator aufgeladen. In den Zuführungsdrähten werden Elektronen bewegt, die Quelle treibt einen Konvektionsstrom an. Dieser Leitungsstrom beginnt an der einen Platte, auf der sich ein Elektronenmangel bildet, und endet an der anderen, auf der ein Elektronenüberschuss erzeugt wird. Durch die Spannungsquelle werden die Ladungen von der Spannungsquelle auf die Metallplatten verschoben.

An den Metallplatten endet die Ladungsbewegung. Auf den Platten ist jedoch eine zeitliche Ladungsänderung feststellbar, die in ihrer Größe der Ladungsbewegung je Zeiteinheit in den Drähten entspricht. Im Raum zwischen den Platten entsteht durch diese Ladungsänderung ein sich zeitlich änderndes elektrisches Feld. Dadurch spielen sich auch im Dielektrikum Erscheinungen ab, die als eine Art elektrischer Strom betrachtet werden können.

Das elektrische Feld bewirkt eine Verschiebung von Ladungen (Deformation der Elektronenhülle = Verschiebungspolarisation) oder eine Ausrichtung bereits vorhandener Dipole (Orientierungspolarisation) im Dielektrikum, welches dadurch polarisiert wird. Diese Verlagerung elektrischer Ladungen kann als Fortsetzung des Leitungsstroms betrachtet werden, welche diesen zu einem geschlossenen Stromkreis ergänzt. Der „Strom" durch den Isolator wird Verschiebungsstrom genannt, da er mit der zeitlichen Veränderung der Ladungen auf den Metallplatten durch die Verschiebung von Ladungen verbunden ist. An den Grenzen von Kondensatorplatten und Dielektrikum geht der Leitungsstrom kontinuierlich in den Verschiebungsstrom über, der Leitungsstrom fließt scheinbar durch den Nichtleiter. Zwischen den Kondensatorplatten setzt sich der elektrische Leitungsstrom als elektrischer Verschiebungsstrom fort.

Der Verschiebungsstrom existiert sowohl in einem Dielektrikum als auch im Vakuum und stellt kein Fließen von Elektronen oder anderen Ladungsträgern dar, obwohl bei Vorhandensein eines Dielektrikums eine Verlagerung elektrischer Ladungen stattfindet. Im Vakuum ist der Verschiebungsstrom nicht mit einer Verlagerung elektrischer Ladungen verknüpft und kann daher nicht in anschaulicher Weise gedeutet werden, wie dies im Dielektrikum wenigstens teilweise möglich ist. Der Verschiebungsstrom ist eine durch *J. C. Maxwell* (1831–1879) eingeführte Erweiterung des Begriffes „elektrischer Strom", der nicht durch freie Ladungsträger, sondern durch die zeitliche Änderung einer elektrischen Feldstärke verursacht wird. Ein sich zeitlich änderndes elektrisches Feld bezeichnet Maxwell als Verschiebungsstrom.

Anmerkung: Genau genommen ist bei Vorhandensein eines Dielektrikums der Verschiebungsstrom die Summe aus dem Fluss der zeitlichen Änderung der elektrischen Feldstärke und dem Strom durch verschobene Ladungsträger im Dielektrikum (dem *Polarisationsstrom*), siehe Abschnitt 5.5.2.2.

Der zunächst nur gedanklich eingeführte Verschiebungsstrom besitzt physikalische Realität, da bei seinem Auftreten auch ein messbares Magnetfeld entsteht. Um die Zuleitungsdrähte des Plattenkondensators bildet sich als Ergebnis der Ladungsbewegung ein magnetisches Wirbelfeld (kreisförmig um den Strom führenden Draht liegende magnetische Feldlinien).

Ebenso kann im nicht leitenden Zwischenraum des Kondensators während der Ladungsverschiebung ein quantitativ gleicher magnetischer Raumzustand (ein Magnetfeldwirbel) gemessen werden, als würden im nicht leitenden Medium Ladungen bewegt. Ein Magnetfeldwirbel entsteht also sowohl bei Ladungstransport durch einen materiellen Leiter, als auch im leeren Raum bei der zeitlichen Änderung eines elektrischen Feldes (hervorgerufen durch eine Änderung der Ladungsmenge).

Wie der Strom im Leiter, so ist auch das sich zeitlich ändernde elektrische Feld von kreisförmigen magnetischen Feldlinien umgeben. Somit setzt sich das Magnetfeld um den Draht stetig in den Raum zwischen den Platten fort. Analog ist die zeitliche Änderung des elektrischen Feldes die Fortsetzung des Leitungsstroms im Draht, man bezeichnet sie als Verschiebungsstrom.

Die beschriebenen Verhältnisse bezüglich des Verschiebungsstroms gelten nicht nur beim Aufladen, sondern auch beim Entladen eines Kondensators und falls sich ein Kondensator in einem Wechselstromkreis befindet. Mathematisch werden die geschilderten Zusammenhänge durch die maxwellschen Gleichungen beschrieben.

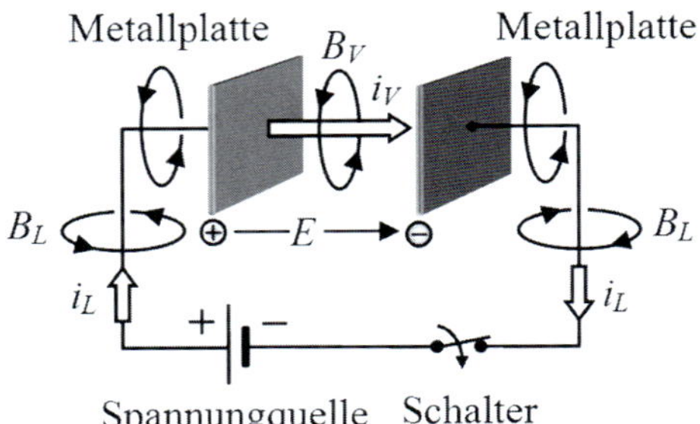

i_L = Leitungsstrom
i_V = Verschiebungsstrom
B_L = magnetisches Wirbelfeld um den Leitungsstrom
B_V = magnetisches Wirbelfeld um den Verschiebungsstrom
E = elektrisches Feld zwischen den Kondensatorplatten

Abb. 49: Leitungsstrom, Verschiebungsstrom und Magnetfeld. Der Stromfluss in der Leitung ändert die Ladung auf den Kondensatorplatten. Dadurch ändert sich das elektrische Feld, es entsteht der Verschiebungsstrom.

Technische Anwendungen basieren im Wesentlichen auf dem Fluss von Elektronen oder Löchern. Im Folgenden wird daher zunächst das Strömen von Elektronen näher betrachtet.

5.1.3 Diffusionsstrom, Feldstrom

Besonders bei Halbleitern wird von Diffusionsstrom und Feldstrom gesprochen.

Eine Ladungsbewegung kann auch ohne elektrisches Feld auftreten, wenn ein örtlicher Konzentrationsunterschied existiert. Die Natur hat das Bestreben, diese Unterschiede auszugleichen. Ladungsträger diffundieren aus dem Gebiet mit der höheren Konzentration in das Gebiet mit geringerer Konzentration. Eine Teilchenbewegung, die durch Konzentrationsunterschiede hervorgerufen wird, nennt man einen *Diffusionsstrom*. Das Ausgleichsbestreben bzw. der Diffusionsstrom ist umso größer, je größer der Konzentrationsunterschied je Längeneinheit, d.h. je größer das Konzentrationsgefälle ist. Ein Diffusionsstrom entsteht z.B. durch das Dichtegefälle der Ladungsträger in den unterschiedlich dotierten Gebieten, wenn ein p-dotierter Halbleiter mit einem Überschuss an Löchern und ein n-dotierter Halbleiter mit einem Überschuss an Elektronen zusammengebracht wird. Der Diffusionsvorgang wird durch eine hohe Temperatur begünstigt.

Den unter dem Einfluss eines elektrischen Feldes fließenden Strom nennt man *Feldstrom* oder *Driftstrom*. Entsteht innerhalb eines Halbleiters durch Diffusionsvorgänge ein Potenzialgefälle, so bewirkt dieses elektrische Feld $\vec{E}$ auf freie Ladungsträger eine Kraft

$$\boxed{\vec{F} = e \cdot \vec{E}} \tag{5.1}$$

Der daraus resultierende Strom wird als Feldstrom bezeichnet. **Die Richtung des Feldstroms ist im Halbleiter entgegengesetzt zur Richtung des Diffusionsstroms.**

In einem Halbleiter gibt es also insgesamt vier Ströme:

1. den Feldstrom der Elektronen
2. den Feldstrom der Löcher
3. den Diffusionsstrom der Elektronen
4. den Diffusionsstrom der Löcher

Anmerkung: Von einem Erreger- oder Feldstrom wird auch bei elektrischen Maschinen gesprochen.

5.2 Elektrische Stromstärke

5.2.1 Der Strom als Funktion der Ladung

In Metallen existieren Elektronen, die nicht stark an die Atomkerne gebunden sind. Durch ein elektrisches Feld, verursacht von einer Ladungsquelle, werden diese Leitungselektronen bewegt. Dabei stoßen sie dauernd mit Atomen des Leitermaterials zusammen, sie werden abgebremst und wieder beschleunigt. Die einzelnen Leitungselektronen bewegen sich mit unterschiedlicher Geschwindigkeit. Von außen betrachtet lässt sich eine mittlere Geschwindigkeit feststellen. Jede Form von elektrischem Ladungsfluss wird als elektrischer Strom bezeichnet.

Wird die Menge der Ladung ΔQ betrachtet, die in einem bestimmten Zeitabschnitt Δt durch eine beliebig geformte, aber definierte Fläche fließt (z. B. durch den Querschnitt eines Leiters), so ist diese Menge ein Maß für die Stärke (die Intensität) der elektrischen Strömung. Diese Stärke wird als elektrische Stromstärke oder kurz als Strom »I« bezeichnet.

Eine von strömenden Ladungsträgern durchsetzte Fläche wird mit ihren Abmessungen als Bezugsgröße festgelegt. Je größer die Ladungsmenge ist, die in einem festen Zeitintervall durch diese Fläche fließt, desto größer ist der Strom. I ist also direkt proportional zu ΔQ. Wird jetzt die fließende Ladungsmenge in Abhängigkeit eines variablen Zeitabschnittes betrachtet, so wird die Ladungsmenge und damit der Strom entsprechend dem kleiner werdendem Bruchteil des Zeitabschnittes kleiner. I ist somit umgekehrt proportional zu Δt. Diesen beiden Abhängigkeiten entsprechend ist die **elektrische Stromstärke** definiert als:

$$I = \frac{\Delta Q}{\Delta t} \tag{5.2}$$

Stromstärke = Ladungsfluss durch einen Querschnitt pro Zeiteinheit

Man beachte: Die Stromstärke I ist unabhängig von der Geometrie des Leiters.

Die Einheit der Stromstärke ist das Ampere: $[I] = \frac{\mathrm{C}}{\mathrm{s}} = \frac{\mathrm{A \cdot s}}{\mathrm{s}} = \mathrm{A}$ (Ampere).

Ein zeitlich konstanter Strom wird als Gleichstrom bezeichnet. Damit ist es unwesentlich, zu welchem Zeitpunkt das Zeitintervall Δt in (5.2) betrachtet wird. Beginnt man die Zeitmessung mit dem Einschalten des Stromes, so gilt für den Strom:

$$I = \frac{Q}{t} \tag{5.3}$$

Nehmen wir an, in einem Leiter aus homogenem Material mit der Querschnittsfläche A und der konstanten Raumladungsdichte ρ bewegen sich alle Ladungsträger mit gleicher konstanter Geschwindigkeit v. Während des Zeitabschnitts Δt legen alle Ladungsträger die Strecke $\Delta s = v \cdot \Delta t$ zurück. Durch die Fläche A bewegt sich (fließt) ein Volumen

$$\Delta V = A \cdot \Delta s = A \cdot v \cdot \Delta t.$$

Die Ladung dieses Volumens ist $\Delta Q = \rho \cdot \Delta V = \rho \cdot A \cdot v \cdot \Delta t$. Der Zusammenhang zwischen Stromstärke und Raumladungsdichte ist somit:

$$I = \frac{\Delta Q}{\Delta t} = \rho \cdot A \cdot v \tag{5.4}$$

Handelt es sich nicht um einen konstanten, sondern um einen zeitlich veränderlichen Strom $i = f(t)$, dann muss in Gl. (5.2) der Differenzenquotient durch den Differenzialquotienten ersetzt werden. Der Strom zum Zeitpunkt t ist dann (Augenblickswert des Stromes):

$$i(t) = \lim_{\Delta t \to 0} \frac{\Delta Q}{\Delta t} = \frac{dq(t)}{dt} \tag{5.5}$$

Der Strom ist als zeitliche Änderung der Ladung definiert, er ergibt sich als erste Ableitung der Ladung $q(t)$ nach der Zeit.

Entsteht ein Strom nicht nur durch den Transport von Elektronen, sondern auch von positiven Ladungen (z. B. Löcher in einem Halbleiter), so muss in Gl. (5.5) die transportierte Nettoladung verwendet werden:

$$i(t) = \frac{dq(t)}{dt} = \frac{dq_- - dq_+}{dt} \tag{5.6}$$

Die elektrische Ladung ist eine skalare Größe. Somit ist die elektrische **Stromstärke** ebenfalls eine **skalare Größe**, sie hat nur einen Betrag und ein Vorzeichen für die Stromrichtung. Ein positiver Strom gibt eine Strömung in Bewegungsrichtung der positiven Ladungsträger an.

5.2.2 Die Ladung als Funktion des Stromes

Ist die Stromstärke bekannt, so kann die in einer gewissen Zeit transportierte Ladungsmenge ermittelt werden.

Bei Gleichstrom ergibt das Umstellen von Gl. (5.2):

$$\Delta Q = I \cdot \Delta t \tag{5.7}$$

Ist der Strom zeitlich nicht konstant, so geht obige Gleichung in ein Integral über.

$$q(t) = \int_{t_1}^{t_2} i(t)\, dt \tag{5.8}$$

5.2.3 Driftgeschwindigkeit

Die mittlere Strömungsgeschwindigkeit (Driftgeschwindigkeit) der freien Elektronen in einem Strom führenden metallischen Leiter kann berechnet werden. Dazu wird die Ladungsträgerdichte n (Anzahl freier Elektronen pro Volumeneinheit eines Metalls) benötigt. Für Kupfer ist z. B. $n = 8{,}5 \cdot 10^{19}\ \text{mm}^{-3}$. Das Volumen eines Leiterstückes mit der Länge l und der Querschnittsfläche A ist $V = l \cdot A$. Mit der Elementarladung e und der Elektronendichte n folgt für die Ladungsmenge, die in dem Volumen V enthalten ist: $Q = e \cdot n \cdot l \cdot A$. Ein Elektron am Anfang des Leiterstückes benötigt eine bestimmte Zeit t, um den Weg l zurückzulegen. Nach der Zeit t ist die gesamte im Volumen V enthaltene Ladung Q durch den Querschnitt A des Leiterstückes hindurchgeflossen.

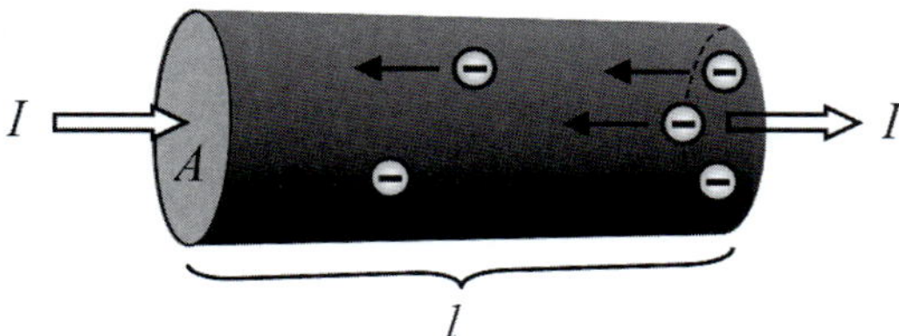

Abb. 50: Zur Berechnung der Driftgeschwindigkeit

Bei konstantem und gleichmäßig über den Querschnitt des Leiters verteiltem Strom ist daher die Stromstärke:

$$I = \frac{Q}{t} = \frac{e \cdot n \cdot l \cdot A}{t} \tag{5.9}$$

Mit der mittleren Strömungsgeschwindigkeit der Elektronen $v = l/t$ folgt daraus:

$$I = e \cdot n \cdot A \cdot v \tag{5.10}$$

Somit ist die Driftgeschwindigkeit:

$$v = \frac{I}{e \cdot n \cdot A} \tag{5.11}$$

Diese mittlere Strömungsgeschwindigkeit der Elektronen ist relativ klein und liegt meist unter $1\ \text{mm/s}$. Sie ist bei konstantem Querschnitt an jeder Stelle des Leiters zu jeder Zeit gleich groß.

Beispiel 99

Durch einen Kupferdraht mit dem Querschnitt $A = 2{,}5\ \text{mm}^2$ fließt ein Strom mit der Stärke $15\ \text{A}$. Wie groß ist die Driftgeschwindigkeit der freien Elektronen?

Lösung:

$$v = \frac{I}{e \cdot n \cdot A} = \frac{15\ \text{A}}{1{,}6 \cdot 10^{-19}\ \text{As} \cdot 8{,}5 \cdot 10^{19}\ \text{mm}^{-3} \cdot 2{,}5\ \text{mm}^2}; \quad \underline{\underline{v = 0{,}44\ \text{mm/s}}}$$

Anmerkung: Bei Betrachtung der niedrigen Driftgeschwindigkeit der Elektronen mag es überraschen, dass beim Einschalten eines Stromes dieser an jeder Stelle des Stromkreises „sofort" zur Verfügung steht und seine Wirkung zeigt. Bei Betätigung des Lichtschalters geht das Licht unverzüglich an, obwohl sich die Elektronen so langsam bewegen, dass sie Stunden brauchen, bis sie bei der Lampe ankommen.

Wird die Strömung einer Flüssigkeit durch ein gefülltes Rohr mit konstantem Querschnitt betrachtet, so liegen ähnliche Verhältnisse vor. Jedes Teilchen der Flüssigkeit, das durch Druck in das Rohr gepresst wird, drückt auf ein dort befindliches Teilchen, dieses wiederum auf das Nächste und so fort. Jedes Volumenelement, das am Rohranfang durch eine Quelle in das Rohr gedrückt wird, schiebt am Rohrende ein entsprechendes Volumenelement aus dem Rohr heraus. Die Druckwelle breitet sich in der Flüssigkeit z. B. mit Schallgeschwindigkeit aus, die Bewegung der einzelnen Teilchen der Flüssigkeit ist viel langsamer. Ähnlich ist es mit Leitungselektronen in einem Draht. Wird eine Spannungsquelle eingeschaltet, so breitet sich im Draht ein elektrisches

Feld mit nahezu Lichtgeschwindigkeit aus[4], die Leitungselektronen erreichen alle augenblicklich ihre Driftgeschwindigkeit. Da an jeder Stelle des Drahtes freie Elektronen zur Verfügung stehen, und eine Spannungsquelle am Ende des Drahtes Ladungsträger „aufnimmt" und am Anfang des Drahtes welche „nachschiebt", ergibt sich ein sofortiges Fließen des Stromes an allen Stellen des Stromkreises.

5.2.4 Stromdichte

Ladungsträger können nicht verschwinden oder vernichtet werden. Daher muss die Menge der Ladungsträger, die in einen beliebig geformten Leiter hineintreten, gleich der Menge der Ladungsträger sein, die aus dem Leiter herausströmen.

Aus der Tatsache, dass keine Ladungen verschwinden können, kann man für den Strom ebenso folgern, dass die Stromstärke am Eingang eines Leiters gleich der Stromstärke am Ende des Leiters sein muss. Dieser Zusammenhang gilt an jeder beliebigen Stelle im Leiter, unabhängig davon, ob sich dessen Querschnitt ändert. Die elektrische Strom**stärke** ist im gesamten Leiter gleich. Dies ist eine Folge der Ladungserhaltung.

Abb. 51: Die Stromstärke ist unabhängig vom Querschnitt überall in einem Leiter gleich groß, die Anzahl eintretender ist gleich der Anzahl austretender Ladungsträger

Da die Stromstärke an jeder Stelle eines Leiters (aus homogenem Material) unabhängig von seiner Form den gleichen Wert hat, wird eine weitere Größe benötigt, um die Belastung des Leiters an jeder Stelle zu bestimmen. Die Belastung einer bestimmten Leiterstelle kann durch die Stärke des Stromes charakterisiert werden, der durch die Querschnittsfläche an dieser Stelle fließt. Die *Stromstärke pro Querschnittsfläche* eines Leiters wird als Strom**dichte** S bezeichnet. Die Stromdichte wird auch *Stromflussdichte* genannt, als Formelzeichen wird statt S auch j oder J verwendet.

5.2.4.1 Stromdichte, homogener Stromfluss

In einem Leiter aus homogenem Material mit gleichmäßig verteilter Ladung pro Volumen entsteht durch eine Quelle ein homogenes elektrisches Strömungsfeld, in dem die Abstände zwischen den Feldlinien des elektrischen Feldes überall gleich sind. Somit ist auch die Stromdichte überall gleich.

4 Im Vakuum ist die Ausbreitungsgeschwindigkeit der elektromagnetischen Welle maximal und beträgt Lichtgeschwindigkeit.

Die Stromdichte S lässt sich aus dem Gesamtstrom I und der Gesamtfläche A berechnen. Bei homogenem Stromfluss senkrecht durch die Fläche gilt:

$$S = \frac{I}{A} \tag{5.12}$$

Mit Gl. (5.3) folgt:

$$S = \frac{Q}{t \cdot A} \tag{5.13}$$

Mit Gl. (5.4) folgt:

$$S = \frac{I}{A} = \rho \cdot v \tag{5.14}$$

Die Einheit der Stromdichte ist

$$[S] = \frac{\mathrm{A}}{\mathrm{m}^2} = 10^{-4}\,\frac{\mathrm{A}}{\mathrm{cm}^2} = 10^{-6}\,\frac{\mathrm{A}}{\mathrm{mm}^2} \tag{5.15}$$

Fließt ein bestimmter Strom I durch hintereinander angeordnete Leiterabschnitte mit unterschiedlichen Querschnitten, so ist die Strömungsgeschwindigkeit der Ladungsträger in den einzelnen Abschnitten unterschiedlich groß. Wie beim Strömen von Flüssigkeiten durch Rohrabschnitte mit unterschiedlichen Querschnittsflächen ist die Geschwindigkeit der Teilchen in den engen Stellen höher als in den Stellen mit großem Querschnitt. Es besteht der Zusammenhang $v \sim I/A$.

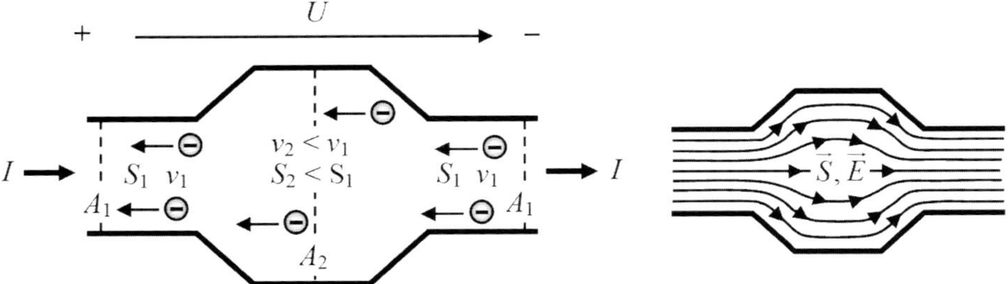

Abb. 52: Stromdichten und Geschwindigkeit der Elektronen in einem Leiter mit wechselnden Querschnittsflächen (links), Linien der elektrischen Feldstärke E und der Stromdichte S (rechts)

Je höher die Bewegungsgeschwindigkeit der Elektronen ist, desto größer sind die Verluste, die beim Ladungstransport entstehen. Mit zunehmender Geschwindigkeit der Elektronen wird ihre kinetische Energie bei Zusammenstößen mit Atomen in immer größere Schwingungsenergie (gleich Wärmeenergie) der Atomrümpfe umgewandelt. Die Schwingungen des Kristallgitters werden immer stärker, das Material wird immer wärmer. Anschaulich: Die „Reibung" der Elektronen am Kristallgitter wächst.

Praktische Bedeutung der Stromdichte: Nimmt die Stromdichte S durch einen zu kleinen Querschnitt des Leiters zu große Werte an, so werden die Atomrümpfe zu solch großen Schwingungen angeregt, dass das Metallgitter zerstört wird. Der Leiter brennt durch (bei der Schmelzsicherung ist dies Absicht). Ein Leiter erwärmt sich stets am stärksten an der Stelle größter Stromdichte. Übliche Stromdichten in Kupfer liegen im Bereich $3...20\ \mathrm{A/mm^2}$.

Da sich die Ladungsträger bei einem Stromfluss in eine bestimmte Richtung bewegen, ist die Stromdichte im allgemeinen Fall nicht alleine durch einen Zahlenwert bestimmt. Zusätzlich ist die Angabe der Bewegungsrichtung erforderlich, da die wirksame durchströmte Querschnittsfläche eines Leiters abhängig von ihrer Lage zur Strömungsrichtung ist. So wie eine Geschwindigkeit durch die Größen Betrag und Richtung festgelegt wird, ist die **Stromdichte** eine **vektorielle Größe**. Um die Richtung von strömenden Elektronen und die Lage der durchströmten Fläche zueinander in Bezug bringen zu können, wird ein Vektor der Stromdichte $\vec{S}$ eingeführt. In seiner Richtung stimmt er mit dem Geschwindigkeitsvektor der Ladungsträger in Richtung der elektrischen Feldstärke überein. Sein Betrag entspricht der Dichte der Feldlinien. Außerdem wird ein Flächenvektor $\vec{A}$ mit dem Betrag der Fläche und der Richtung der Flächennormalen benötigt. Bildet die Bewegungsrichtung der Ladungsträger mit der durchströmten Fläche den Winkel α, so ist der Strom das Skalarprodukt aus $\vec{S}$ und $\vec{A}$:

$$I = \vec{S} \bullet \vec{A} = S \cdot A \cdot \cos(\alpha) \tag{5.16}$$

Der Betrag der Stromdichte ist dann:

$$S = \frac{I}{A} \cdot \cos(\alpha) \tag{5.17}$$

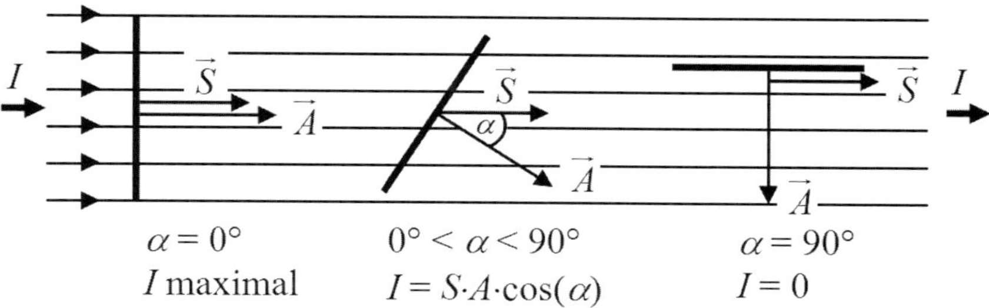

Abb. 53: Strom und Stromdichte im homogenen elektrischen Strömungsfeld

5.2.4.2 Stromdichte, inhomogener Stromfluss

Ist der Strom nicht konstant über die Querschnittsfläche des Leiters verteilt, so ist die Stromdichte als Änderung des Stromes über der Fläche definiert. Ein Beispiel ist der *Skineffekt* bei hohen Frequenzen, durch den der Strom nur in einem äußeren Ring des Leiters fließt.

$$S = \frac{dI(A)}{dA} \quad (dI \perp dA) \tag{5.18}$$

Ist der Strom sowohl von der Querschnittsfläche des Leiters als auch von der Zeit abhängig, so muss partiell differenziert werden, z. B.:

$$S = \frac{\partial I(A)}{\partial A} \tag{5.19}$$

Die Flächennormale muss nicht notwendigerweise in Richtung der Leiter-Achse zeigen, die Fläche kann beliebig in den Raum gelegt werden. Im allgemeinen Fall bildet die Bewegung von elektrischen Ladungsträgern ein räumliches Strömungsfeld, in dem die Stromdichte ortsabhängig ist (inhomogen über der Fläche verteilt ist) und durch einen Vektor mit den Komponenten S_x, S_y und S_z beschrieben werden kann.

$$\vec{S} = \vec{S}_x + \vec{S}_y + \vec{S}_z = S_x\vec{e}_x + S_y\vec{e}_y + S_z\vec{e}_z = \begin{pmatrix} S_x \\ S_y \\ S_z \end{pmatrix} \tag{5.20}$$

$\vec{e}_x$, $\vec{e}_y$, $\vec{e}_z$ sind die Einheitsvektoren in x-, y-, z-Richtung.

Soll jetzt der Gesamtstrom I durch eine gegebene Fläche A berechnet werden, so muss der senkrecht durch diese Fläche hindurchtretende Strom über alle infinitesimalen Teilflächen aufsummiert werden, die Stromdichte ist über die Fläche zu integrieren. Wir erhalten den Strom als Fluss durch die Fläche, indem wir das Flächenintegral zweiter Ordnung (das Flussintegral) berechnen. Die Stromstärke durch eine Fläche ist das Flussintegral der Stromdichte über diese Fläche.

$$I = \iint_A \vec{S} \bullet d\vec{A} \tag{5.21}$$

In Gl. (5.21) ist $d\vec{A}$ ein Vektor senkrecht zum jeweiligen infinitesimalen Flächenelement und $\vec{S} \bullet d\vec{A}$ ist der Strom, der senkrecht durch dieses Flächenelement hindurchfließt. Die Richtung der Flächennormalen wird von der Innenseite der Fläche zur Außenseite festgelegt. Ist das Ergebnis $I > 0$, so fließt der Gesamtstrom von der Innen- zur Außenseite.

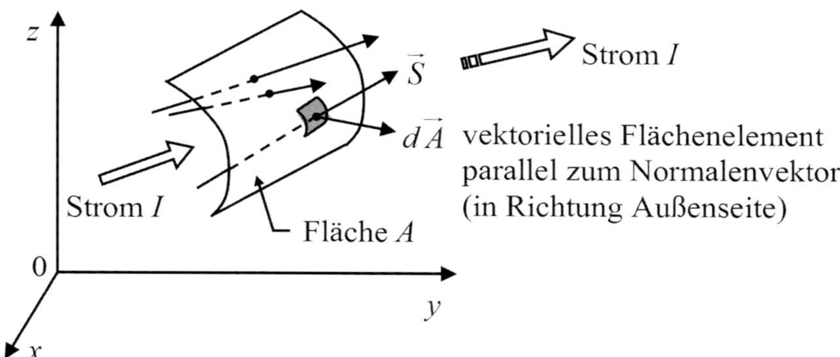

Abb. 54: Zur Berechnung des Gesamtstromes I eines elektrischen Strömungsfeldes durch eine Fläche A

Wie im Fall des homogenen Stromflusses kann abgeleitet werden:

$$\vec{S} = \rho_V \cdot \vec{v} \qquad (\rho_V = \text{mittlere Raumladungsdichte im Leiter}) \tag{5.22}$$

Allgemein ist die Stromdichte ein orts- und zeitabhängiges Vektorfeld:

$$\vec{S}(\vec{r},t) = \rho(\vec{r},t) \cdot \vec{v}(\vec{r},t) \tag{5.23}$$

In ihm sind die jeweils orts- und zeitabhängigen Felder der Ladungsdichte $\rho(\vec{r},t)$ und der Geschwindigkeit verknüpft.

Nach Einführung der Stromdichte kann nun eine gestaffelte Abhängigkeit der Stromstärke von den Größen Leiterquerschnitt, Raumladung, Geschwindigkeit der Ladungsträger, elektrisches Feld bzw. Spannung und Leiterlänge, Materialart, Temperatur, Ladung eines Ladungsträgers und Ladungsträgerkonzentration angegeben werden.

$I = \iint_A \vec{S} \bullet d\vec{A}$ ↓	$I = f$(Stromdichte, durchflossener Fläche bzw. Leiterquerschnitt)
$S = \rho \cdot \vec{v}$ ↓	$S = f$(Raumladung, Geschwindigkeit der Ladungsträger)
$\vec{v}$ ↓	$v = f$(elektr. Feld bzw. Spannung, Leiterlänge, Material, Temperatur)
$\rho = n \cdot q$	$n = f$(Ladungsträgerkonzentration, material- und temperaturabhängig)
	$q = f$(Ladung eines Ladungsträgers, z. B. Elektron, Loch, Ion)

Abb. 55: Abhängigkeit der Stromstärke von anderen Größen

Beispiel 100
Ein zylindrischer Leiter darf maximal mit einer Stromdichte $S = 5\ \dfrac{\text{A}}{\text{mm}^2}$ belastet werden. Welcher Durchmesser d des Leiters ist für einen Strom $I = 1{,}0\ \text{A}$ mindestens notwendig?

Lösung:

Die Querschnittsfläche des Leiters ist $A = r^2 \cdot \pi$. Es wird homogener Stromfluss angenommen, somit gilt

$S = \dfrac{I}{A}$ bzw. $A = \dfrac{I}{S}$. Es folgt: $r^2 \cdot \pi = \dfrac{I}{S};\ r = \sqrt{\dfrac{I}{\pi \cdot S}};\ d = 2 \cdot r;\ \underline{\underline{d = 0{,}5\ \text{mm}}}$

Beispiel 101
Ein Gleichstrom $I = 1\ \text{kA}$ fließt durch eine Stromschiene mit quadratischem Querschnitt. Wie groß ist die Seitenlänge a der Stromschiene zu wählen, damit eine maximale Stromdichte von $S_{\text{max}} = 5\ \dfrac{\text{A}}{\text{mm}^2}$ zulässig ist?

Lösung:

Es wird homogener Stromfluss angenommen, somit gilt

$$S = \frac{I}{A} = \frac{I}{a^2};\ a = \sqrt{\frac{I}{S_{\text{max}}}};\ \underline{\underline{a = 10 \cdot \sqrt{2}\ \text{mm} = 14{,}142\ \text{mm}}}$$

Beispiel 102
Durch einen zylindrischen Leiter mit kreisförmigem Querschnitt fließt ein Strom. Der Radius des Leiters ist R_a. Die Stromdichte ist über den Querschnitt nicht konstant, sie ändert sich quadratisch in Abhängigkeit des Radius r nach der Funktion $S(r) = S_0 + S_1 \cdot \left(\dfrac{r}{R_a}\right)^2$. S_0 und S_1 sind konstante Stromdichten. Von der Längskoordinate z des Leiters ist die Stromdichte nicht abhängig. Zu berechnen ist der Gesamtstrom I in Längsrichtung des Leiters.

Lösung:

In axialer Richtung des Leiters steht die Stromdichte S an allen Stellen senkrecht auf seiner Querschnittsfläche. Die Stromdichte ist aber auf dieser Fläche nicht konstant, sondern eine Funktion des Radius r. Es genügt also nicht, nur den Wert $A = R_a^2 \cdot \pi$ der gesamten Querschnittsfläche zu betrachten. Die gesamte kreisförmige Querschnittsfläche muss in Kreisringe der Breite dr aufgeteilt werden. In diesen infinitesimal schmalen Kreisringen ist die dazu senkrecht stehende Stromdichte konstant. Durch die Bildung der Summe über viele dieser Kreisringe wird die gesamte Querschnittsfläche berücksichtigt, im Grenzfall ist dies ein Integral. Den Strom erhält man also durch Integration der zur durchflossenen Querschnittsfläche senkrecht stehenden Komponente der Stromdichte.

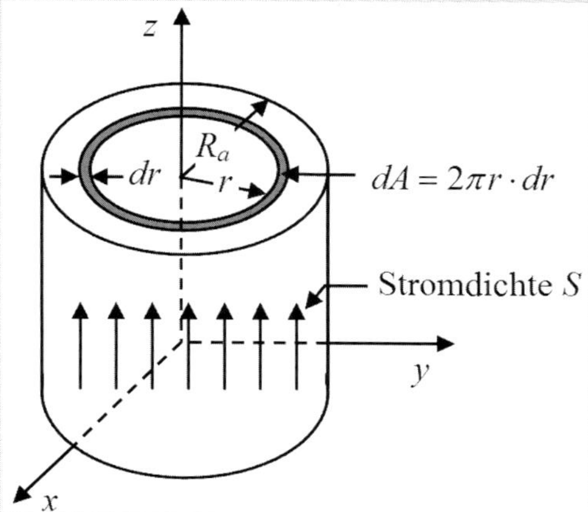

Abb. 56: Zu Beispiel 102

Das Flächenelement dA eines Kreisringes ist $dA = 2\pi r \cdot dr$.

Die Stromstärke ist nach Gl. (5.21):

$$I = \iint_A \vec{S} \bullet d\vec{A} = \int_{r=0}^{r=R_a} \left[S_0 + S_1 \cdot \left(\frac{r}{R_a} \right)^2 \right] \cdot 2\pi r \cdot dr = 2\pi \cdot \int_{r=0}^{r=R_a} \left(S_0 \cdot r + \frac{S_1}{R_a^2} \cdot r^3 \right) dr =$$

$$= 2\pi \cdot \left[\frac{1}{2} S_0 \cdot r^2 + \frac{1}{4} \frac{S_1}{R_a^2} r^4 \right]_0^{R_a} = \pi \cdot S_0 \cdot R_a^2 + \frac{1}{2} \pi \cdot \frac{S_1}{R_a^2} \cdot R_a^4 = \underline{\underline{\pi \cdot R_a^2 \cdot \left(S_0 + \frac{S_1}{2} \right)}}$$

5.3 Zusammenfassung

1. Elektrischer Strom ist der gerichtete Fluss elektrischer Ladung.
2. Unterschiedliche Arten des elektrischen Stroms sind der Konvektionsstrom im Leiter und der Verschiebungsstrom im Nichtleiter.
3. Der Konvektionsstrom (Teilchenstrom) ist mit einer Ladungsbewegung verbunden.
4. Der Verschiebungsstrom ist mit einer zeitlichen Veränderung von Ladungen verbunden und entspricht einem sich zeitlich ändernden elektrischen Feld.
5. In Halbleitern gibt es einen Diffusionsstrom und einen Feldstrom.
6. Die Stromstärke ist definiert als Ladungsfluss durch einen Querschnitt pro Zeiteinheit.
7. Ladung und Stromstärke sind skalare Größen.
8. Die Stromdichte ist definiert als Stromstärke pro Querschnittsfläche. Sie ist eine vektorielle Größe und berücksichtigt die Belastung des Leiters bei Stromfluss je nach seinem Querschnitt.

5.4 Ladungserhaltung und Kontinuitätsgleichung

5.4.1 Stationärer Fall

Eine Ladung, die sich mit konstanter Geschwindigkeit bewegt, entspricht einem stationären Strom (Gleichstrom). Es gilt: $dI/dt = 0$. Wie bereits in Abschnitt 2.5.5.1 erwähnt, ist das stationäre elektrische Strömungsfeld quellenfrei. Der Strom fließt immer in einem geschlossenen Kreislauf, die Strömungslinien sind in sich geschlossen. Ladungen werden nicht erzeugt oder vernichtet. Betrachten wir ein Raumgebiet V, welches durch eine Hüllfläche A begrenzt wird. Ist diese Hüllfläche für Materie (und somit auch für Ladungsträger) undurchlässig, so wird V als *abgeschlossenes System* bezeichnet. Befindet sich im Raumgebiet V eine elektrische Ladung, so bleibt die gesamte Ladung Q innerhalb des Raumgebietes konstant. Innerhalb der Hüllfläche können weder Ladungen erzeugt noch vernichtet werden. Es gibt keinen physikalischen Vorgang, der die Gesamtladung Q innerhalb V ändern könnte. Dieses durch Experimente immer wieder bestätigte Naturgesetz wird als **Ladungserhaltungssatz** bezeichnet. Der Satz basiert darauf, dass die Elementarladung unveränderbar ist und dass sich die Wirkungen von zwei gleich großen Ladungen mit entgegengesetztem Vorzeichen aufheben. Werden geladene Teilchen erzeugt oder vernichtet, so erfolgt dies immer in gleichen Mengen und mit entgegengesetztem Vorzeichen. Liegen Ladungsverteilungen vor, so müssen sie in der Gesamtbilanz entsprechend ihrem Betrag und Vorzeichen berücksichtigt werden.

Wird in einem abgeschlossenen System eine Anzahl von n Ladungen Q_ν betrachtet, die auch in willkürlichen Teilgebieten dieses Systems auf irgend eine Art verteilt sein können, so lautet der Ladungserhaltungssatz

$$\sum_{\nu=1}^{n} Q_\nu = \text{const.} \tag{5.24}$$

Mit der Raumladungsdichte wird dies beschrieben durch

$$Q = \iiint_V \rho \, dV = \text{const.} \tag{5.25}$$

Das Hüllenintegral ergibt im stationären Fall

$$\oiint_A \vec{S} \bullet d\vec{A} = 0 \tag{5.26}$$

Alle Feldlinien eines Strömungsfeldes, die in ein abgeschlossenes Volumen eindringen, treten aus dem Volumen auch wieder aus. Die Ladungsträger, die in das Volumen hineinfließen, fließen auch wieder heraus.

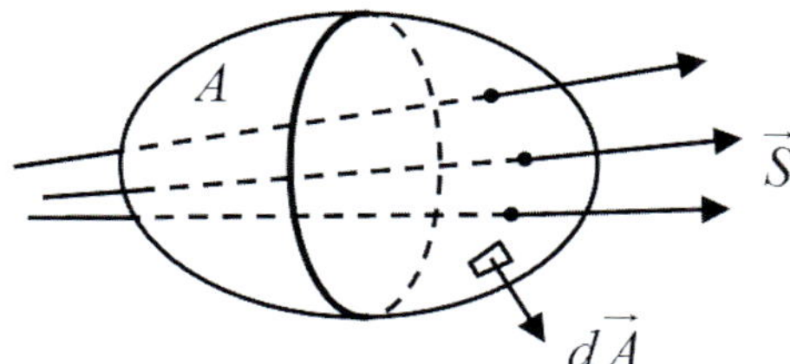

Abb. 57: Zum Hüllenintegral der Stromdichte über eine geschlossene Fläche im stationären Fall

5.4.2 Nichtstationärer Fall

Im nichtstationären Fall, also bei zeitlich veränderlichen Strömen oder bei der Speicherung von Ladungen (z. B. in Kondensatoren), werden im Stromkreis Ladungen auf- und abgebaut. Es gilt: $di/dt \neq 0$. Wir betrachten wieder ein Raumgebiet V mit einer darin enthaltenen Ladung Q. Durch die Hüllfläche A soll jetzt aber ein Ladungsfluss möglich sein. Findet ein Ladungsfluss durch A statt, so muss sich die Ladung im Raumgebiet genau um den Anteil ändern, der durch die Hüllfläche fließt, da Ladung nicht entstehen oder verschwinden kann. Ladungen bleiben erhalten und können sich nur an einen anderen Ort bewegen. Dieser Sachverhalt wird nachstehend mathematisch beschrieben.

Der Ladungserhaltungssatz sagt aus, dass eine zeitliche Änderung der Gesamtladung innerhalb einer beliebigen Hüllfläche nur stattfinden kann, wenn ein Ladungstransport durch den Fluss von Ladungsträgern durch diese Hüllfläche erfolgt. Mit anderen Worten: In einem abgeschlossenen Volumen kann sich eine Ladung nur durch Zufluss oder Abfluss von Ladungen durch die Oberfläche ändern.

Der Leitungsstrom, der dem Ladungstransport entspricht, kann als Fluss der Leitungsstromdichte durch die Hüllfläche dargestellt werden. Der aus dem Raumgebiet V über die Hüllfläche A herausfließende Strom ist nach Gl. (5.21)

$$I = \oiint_A \vec{S} \bullet d\vec{A} \tag{5.27}$$

Dieser Strom muss gleich sein der *Abnahme* der Ladungsmenge pro Zeiteinheit $-dQ/dt$ im Raumgebiet V, da Strom definiert ist als Änderung der Ladung pro Zeiteinheit (Abschnitt 5.2.1). Als Gleichung für die Ladungsbilanz gilt:

$$\underbrace{-\frac{dQ}{dt}}_{\text{Ladungsabnahme im Volumen}} = \underbrace{\oiint_A \vec{S} \bullet d\vec{A}}_{\text{Teilchenstrom aus dem Volumen}} \tag{5.28}$$

Der Flächenvektor $d\vec{A}$ weist aus dem eingeschlossenen Raumgebiet V heraus.

Nun wird ein Zusammenhang mit der Raumladungsdichte hergestellt. Die Gesamtladung einer im Raum verteilten Raumladung ist nach Gl. (4.13)

$$Q = \iiint_V \rho \, dV \tag{5.29}$$

Wir erhalten damit

$$-\frac{d}{dt} \iiint_V \rho \, dV = \oiint_A \vec{S} \bullet d\vec{A} \tag{5.30}$$

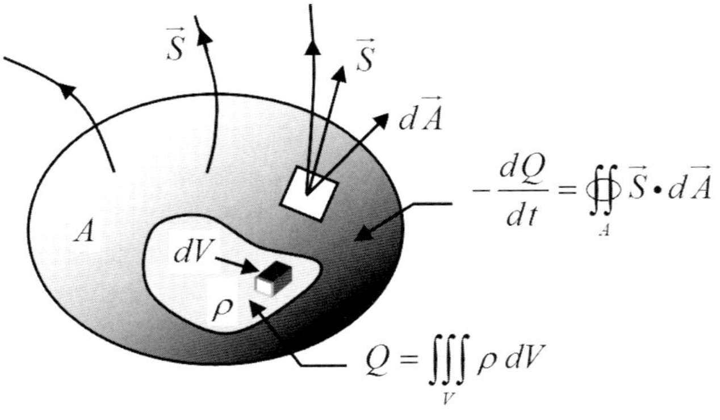

Abb. 58: Ein Ladungsfluss durch die Hüllfläche eines Volumens ergibt eine Änderung der Raumladung im Volumen

Gl. (5.30) ist die **integrale Form der Kontinuitätsgleichung**. Wir setzen voraus, dass das Raumgebiet V bezüglich des gewählten Bezugssystems ruht. Die Zeitableitung darf dann unter das Integral gezogen werden. Sind die Voraussetzungen für den Integralsatz von Gauß erfüllt, kann die Gleichung umgeformt werden. Nach Gauß gilt:

$$\oiint_A \vec{S} \bullet d\vec{A} = \iiint_V \operatorname{div}\left(\vec{S}\right) d\vec{V} \tag{5.31}$$

Damit wird aus Gl. (5.30):

$$\iiint_V \left(\operatorname{div}\left(\vec{S}\right) + \frac{d\rho}{dt} \right) dV = 0 \tag{5.32}$$

Diese Gleichung ist nur dann für alle Raumgebiete V erfüllt, wenn der Integrand verschwindet.

$$\operatorname{div}\left(\vec{S}\right) + \frac{d\rho}{dt} = 0 \tag{5.33}$$

Gl. (5.33) ist die **differenzielle Form der Kontinuitätsgleichung.** Diese Gleichung in anderer Schreibweise:

$$\frac{\partial \rho}{\partial t} = -\nabla \bullet \vec{S} \tag{5.34}$$

Die Aussage dieser Gleichung ist: Die Ladungsdichte in einem Volumen kann sich nur ändern, wenn durch die Oberfläche des Volumens ein Strom zu- oder abfließt. Oder anders ausgedrückt: Die Quellen des Stromdichtefeldes befinden sich dort, wo sich die Ladungsdichte zeitlich ändert.

5.5 Die elektrische Flussdichte

5.5.1 Das elektrostatische Feld

Ein elektrostatisches Feld ist durch sein Merkmal der Feldstärke E gekennzeichnet. Der Betrag der elektrischen Feldstärke ist definiert als Kraft pro Ladungsmenge. Aus Gl. (2.38) erhält man:

$$E = \frac{F}{Q} \tag{5.35}$$

Außer der Feldgröße E, die mit der Kraft auf Ladungen als *Wirkung* definiert ist, gibt es eine zweite Feldgröße, die ein elektrostatisches Feld beschreibt. Es ist die **elektrische Flussdichte *D***, die mit der felderzeugenden Eigenschaft von

Ladungen als *Ursache* zusammenhängt. D wird auch als *dielektrische Verschiebungsdichte*, *elektrische Verschiebungsdichte*, *Verschiebungsflussdichte*, *elektrische Verschiebung* oder *elektrische Erregung* bezeichnet.

Der zwischen zwei Elektroden verlaufende (angenommene, da keine Ladungsträger fließen) elektrische Fluss Ψ ist nach Gl. (4.1) gleich der Ladung Q. Wird dieser Fluss auf die Fläche bezogen, auf die er sich verteilt, so erhalten wir die elektrische Flussdichte.

$$\boxed{D = \frac{\Psi}{A} = \frac{Q}{A}} \qquad [D] = \frac{\mathrm{As}}{\mathrm{m}^2} = \frac{\mathrm{C}}{\mathrm{m}^2} \tag{5.36}$$

Da der Fluss durch die Fläche von der Ausrichtung bzw. der Lage der Fläche im elektrischen Feld abhängt, muss die elektrische Flussdichte als vektorielle Feldgröße betrachtet werden. Die Flussdichte ist eine gerichtete Feldgröße, die einem Raumpunkt zugeordnet ist. In der Regel ist die Richtung der elektrischen Flussdichte $\vec{D}$ in jedem Raumpunkt identisch mit der Richtung des elektrischen Feldes $\vec{E}$.

Gl. (5.36) gilt nur im homogenen elektrischen Feld mit der Flussrichtung senkrecht zur Fläche. In einem inhomogenen elektrischen Feld ist die Flussdichte der auf ein Flächenelement bezogene Fluss. Ein Flächenelement dA kann durch einen Vektor $d\vec{A}$ dargestellt werden, dessen Betrag gleich der Fläche von dA ist und der senkrecht auf dA steht. Das Flächenelement dA werde von einem elektrischen Feld der Flussdichte D durchsetzt. Die Feldrichtung ist durch die Richtung des Vektors $\vec{D}$ gegeben. Zwischen $d\vec{A}$ und $\vec{D}$ liegt der Winkel α.

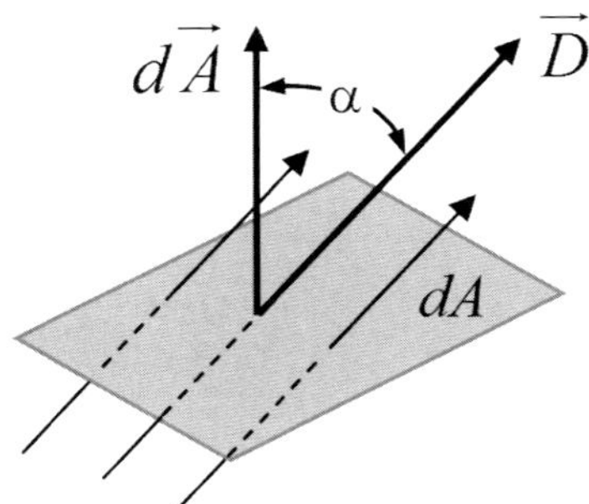

Abb. 59: Der elektrische Fluss im inhomogenen Feld

Der das Flächenelement dA durchdringende elektrische Fluss ist

$$\boxed{d\Psi = D \cdot dA \cdot \cos(\alpha) = \vec{D} \bullet d\vec{A}} \tag{5.37}$$

In obiger Formel ist $\vec{D} \bullet d\vec{A}$ das Skalarprodukt der Vektoren $\vec{D}$ und $d\vec{A}$.

Der durch eine beliebige Fläche A verlaufende Fluss ist

$$\Psi = \iint_A \vec{D} \bullet d\vec{A} \tag{5.38}$$

Unter Berücksichtigung von Gl. (4.1), also $\Psi = Q$, ist die elektrische Flussdichte

$$\vec{D} = \frac{dQ}{dA_\perp} \vec{e}_{A\perp} \tag{5.39}$$

$dA_\perp$ = Flächenelement einer Äquipotenzialfläche
$\vec{e}_{A\perp}$ = Einheitsvektor in Richtung der elektrischen Feldstärke

Die elektrische Flussdichte (der veraltete Ausdruck Verschiebungsdichte ist anschaulicher) ist gleich der Ladungsdichte auf einer leitenden Oberfläche, sie ist ein Maß für die durch Influenz verschobene Ladungsmenge. **Die ladungstrennende Wirkung des elektrostatischen Feldes wird durch den Flussdichtevektor $\vec{D}$ beschrieben.** Mit anderen Worten: Der Betrag des Vektors $\vec{D}$ beschreibt die Ladungsmenge pro Flächeneinheit auf einer Äquipotenzialfläche, anschaulich die Dichte der Ladungsträger auf der Elektrodenoberfläche. Ebenso wie die elektrische Feldstärke durchtritt die Verschiebungsdichte die Äquipotenzialflächen senkrecht.

Beim Influenzversuch (Abschnitt 4.1.2.1) ist die influenzierte Flächenladungsdichte D auf dem Doppelkörper des inneren Plattenpaares gleich der Flächenladungsdichte σ auf den äußeren Metallplatten. Die im Doppelkörper vorhandenen Ladungen werden durch das elektrische Feld so lange verschoben, bis ein elektrostatisches Gleichgewicht eintritt, und das Innere des Doppelkörpers feldfrei ist. Dann gilt:

$$D = \sigma = \frac{Q}{A} \tag{5.40}$$

5.5.2 Der Zusammenhang zwischen D und E

5.5.2.1 Leitender Körper im elektrostatischen Feld

Die Fähigkeit eines elektrischen Feldes, Ladungen zu verschieben, wird durch den elektrischen Fluss D beschrieben. Die influenzierte Flächenladungsdichte D ist abhängig vom elektrischen Feld E. Tritt das elektrostatische Gleichgewicht ein, so gilt für den Zusammenhang zwischen $\vec{D}$ und $\vec{E}$:

$$\vec{D} = \varepsilon_0 \cdot \vec{E} \tag{5.41}$$

ε_0 = elektrische Feldkonstante

5.5.2.2 Dielektrikum im elektrostatischen Feld

Wird ein Dielektrikum in das elektrostatische Feld E_0 gebracht, so wird es polarisiert, das Feld E_0 wird geschwächt. Im Inneren des Dielektrikums herrscht das Feld $E < E_0$.

Das Verhältnis zwischen E_0 ohne und E mit Dielektrikum heißt Permittivitätszahl.

$$\varepsilon_r = \frac{E_0}{E} \tag{5.42}$$

Für die elektrische Flussdichte gilt somit

$$\vec{D} = \varepsilon_r \cdot \varepsilon_0 \cdot \vec{E} = \varepsilon \cdot \vec{E} \tag{5.43}$$

ε = Permittivität

Gl. (5.43) gilt für homogene isotrope (in alle Richtungen gleiche Eigenschaften aufweisende) oder hysteresefreie Werkstoffe mit kubischem Kristallgitter. In solchen Medien ist das Vektorfeld $\vec{D}$ mit dem Vektorfeld der elektrischen Feldstärke $\vec{E}$ bis auf eine Proportionalitätskonstante ε identisch. Es ist $\vec{D} \parallel \vec{E}$. ε_r ist in diesem Fall ein reeller, stoffabhängiger Skalar. Die elektrische Flussdichte kann in zwei Anteile aufgespalten werden.

$$\vec{D} = \varepsilon_0 \cdot \vec{E} + \vec{P} \tag{5.44}$$

Dabei kennzeichnet $\varepsilon_0 \cdot \vec{E}$ den Vakuumanteil der Flussdichte $\vec{D}$ und $\vec{P}$ den materialspezifischen Polarisationsanteil.

Bei nichtkubischen (anisotropen) Kristallen ist ε_r richtungsabhängig, $\vec{D}$ muss nicht mehr parallel zu $\vec{E}$ sein. In anisotropen Stoffen ist ε_r meist eine komplexe, von der Frequenz abhängige Funktion. Die Abhängigkeit von ε_r von der Frequenz wird als **Dispersion** bezeichnet.

Bei hysteresebehafteten Werkstoffen (z.B. Ferroelektrika) ist $\vec{D}$ nicht mehr eine einfache Funktion von $\vec{E}$, gleichgültig, ob das Material kubisch, homogen oder inhomogen ist. Eine eindeutige Definition eines ε_r ist dann nicht mehr möglich.

Bei starken Feldern ist auch eine nichtlineare Beziehung zwischen D und E möglich, z.B. $D \sim E^2$.

5.5.3 Vergleich elektrisches Strömungsfeld und elektrostatisches Feld

Beim elektrischen Feld muss bezüglich der Leitfähigkeit des Materials zwischen den beiden Elektroden unterschieden werden, zwischen denen das elektrische Feld besteht.

1. Fall

Ist die spezifische Leitfähigkeit $\kappa > 0$, so sind die beiden Elektroden durch einen Leiter verbunden. In diesem Fall liegt ein elektrisches **Strömungsfeld** vor. Ursache der Strömung von Ladungsträgern ist die elektrische Feldstärke $\vec{E}$. Der Stromdichtevektor $\vec{S}$ hat immer die gleiche Richtung wie der Feldstärkevektor $\vec{E}$. Die Leitfähigkeit κ des Feldraumes bestimmt die Stromdichte S.

$$\vec{S} = \kappa \cdot \vec{E} \tag{5.45}$$

Die Feldstärke ist beim Strömungsfeld:

$$\vec{E} = \frac{\vec{S}}{\kappa} \tag{5.46}$$

2. Fall

Ist $\kappa = 0$, so ist das Material zwischen den ortsfesten Ladungen auf den beiden Elektroden ein Isolator (Dielektrikum). Die Stromdichte wird null. Es handelt sich um ein elektrostatisches Feld, ein elektrisches **Ladungsfeld**. Sowohl im Strömungsfeld als auch im elektrostatischen Feld sind Feldkräfte $\vec{F} = \vec{E} \cdot Q$ vorhanden. Verschwindet die Stromdichte, so bleiben das elektrische Feld mit den Feldlinien und die Äquipotenzialflächen *unverändert*. Beim elektrostatischen Feld bestimmt die Ladung direkt die Flussgröße, die Flussdichte $\vec{D}$. Wie bereits erwähnt, werden auch in Feldern, in denen physikalisch keine Strömung vorhanden ist, aus Anschaulichkeitsgründen ebenfalls die Begriffe Fluss bzw. Flussdichte verwendet. Der Einfluss des Materials im Feldraum wird durch die Permittivität ε beschrieben, sie bestimmt die elektrische Feldstärke.

$$\vec{E} = \frac{\vec{D}}{\varepsilon} \tag{5.47}$$

5.5.4 Der Satz von Gauß in der Elektrostatik

Bildet in Gl. (5.38) die Fläche A eine geschlossene Hülle und befindet sich innerhalb der Hülle eine Gesamtladung Q, so gilt unter Berücksichtigung von Gl. (4.1), also $\Psi = Q$:

$$Q = \oiint_A \vec{D} \bullet d\vec{A} = \varepsilon \oiint_A \vec{E} \bullet d\vec{A} \tag{5.48}$$

Der Wert des Integrals der elektrischen Flussdichte über eine geschlossene Fläche A entspricht der Summe der von der Fläche umschlossenen Ladungen Q. Positive und negative Ladungen heben sich dabei in dem umschlossenen Gebiet gegenseitig auf. Die Summe der $\vec{D}$-Feldlinien, welche die Hülle durchstoßen, ist gleich der überschüssigen Gesamtladung im Inneren der Hülle.

Mit anderen Worten: Der von der Ladung Q ausgehende Fluss ist stets gleich der innerhalb der Hülle vorhandenen Ladung. Befinden sich in der Hülle mehrere Ladungen, so ist der durch die Hülle verlaufende elektrische Fluss gleich der Summe der Ladungen. Gl. (5.48) gilt unabhängig von der räumlichen Verteilung von Einzelladungen innerhalb der Hülle und unabhängig von der Form der Hüllfläche.

Ist die Ladung Q im Raum ungleichmäßig verteilt, d. h. die Raumladungsdichte ρ ändert sich von Raumpunkt zu Raumpunkt, so kann der gesamte elektrische Fluss durch eine Hülle um eine räumlich verteilte Ladung mit Hilfe von Gl. (4.13) berechnet werden.

$$Q = \oiint_A \vec{D} \bullet d\vec{A} = \iiint_V \rho \, dV \tag{5.49}$$

Dies ist der elektrische Fluss durch die Oberfläche A eines Volumens V, in dem sich eine Raumladung ρ befindet.

Das Vektorfeld der Flussdichte D entsteht durch die *freien* elektrischen Ladungen innerhalb der Hüllfläche, also durch den Anteil der Ladungen, die nicht an die Materie gebunden sind, im Gegensatz zu den polarisierten Ladungen. Somit kann die Flussdichte D bestimmt werden, ohne dass die polarisierten Ladungen bzw. die Eigenschaften des Materials betrachtet werden müssen. Aus D kann dann E mit der Permittivität ε bestimmt werden.

Der Gauß'sche Satz bedeutet, dass elektrostatische Felder Quellen und Senken besitzen. Die Quellen der elektrischen Verschiebung sind Ladungen. Ein Verschiebungsfluss (und die Feldlinie) beginnt bei der positiven und endet bei der negativen Ladung.

Gl. (5.48) ist die Integralform des Gauß'schen Satzes. Die Differenzialform lautet:

$$\operatorname{div}\left(\vec{D}\right) = \rho \tag{5.50}$$

oder

$$\operatorname{div}\left(\vec{E}\right) = \frac{\rho}{\varepsilon} \tag{5.51}$$

mit ρ = Ladungsdichte in $\mathrm{As/m^3}$ beim Angriffspunkt des Vektors $\vec{E}$.

Der Satz von Gauß kann vorteilhaft zur Berechnung elektrischer Felder angewandt werden, wenn die Ladungsverteilung Symmetrieelemente (Kugel, Zylinder, Ebene) besitzt.

Beispiel 103

Eine metallische Hohlkugel mit dem Radius r_0 ist mit der positiven Ladung Q aufgeladen. Zu berechnen sind Flussdichte D und elektrische Feldstärke E im Abstand r vom Kugelmittelpunkt.

Lösung:

Die Ladungsträger streben wegen ihrer gegenseitigen Abstoßung einen möglichst großen Abstand voneinander an, sie verteilen sich gleichmäßig auf der äußeren Oberfläche der Hohlkugel. Durch diese gleichmäßige Verteilung ist das elektrische Feld in allen Richtungen gleich, die Feldverteilung ist radial. Die elektrischen Feldlinien verlaufen von den Ladungen aus radial nach außen und sind gleichmäßig verteilt. Äquipotenzialflächen sind die Kugeloberfläche und die Oberflächen konzentrischer Kugeln. Die Gegenladung $-Q$ kann man sich auf einer konzentrisch angeordneten Hohlkugel mit sehr großem Radius vorstellen.

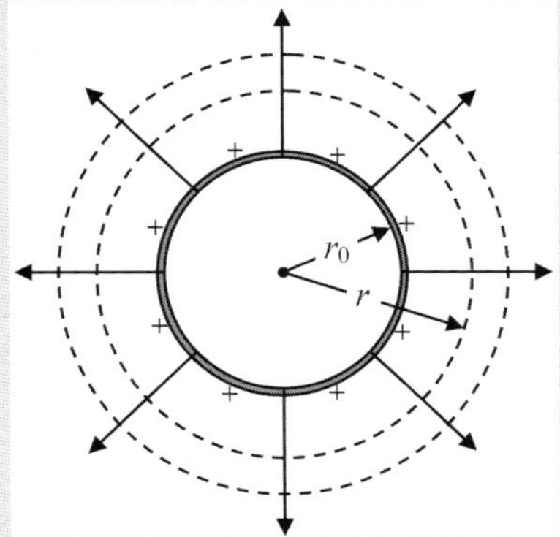

Abb. 60: Elektrostatisches Feld in der Umgebung einer geladenen Hohlkugel

Die Größe der Oberfläche einer beliebigen Äquipotenzialfläche mit dem Radius r ist:

$$A = 4\pi r^2$$

Die dort vorhandene elektrische Flussdichte ist nach Gl. (5.36):

$$D = \frac{\Psi}{A} = \frac{Q}{A} = \underline{\underline{\frac{Q}{4\pi r^2}}}$$

Die elektrische Feldstärke im Abstand r vom Kugelmittelpunkt ist nach Gl. (5.47):

$$E = \frac{D}{\varepsilon} = \frac{Q}{4\pi \varepsilon r^2} = \underline{\underline{\frac{Q}{4\pi \varepsilon_0 \varepsilon_r r^2}}} \quad \text{für } r \geq r_0$$

Im Inneren der Hohlkugel ($r < r_0$) verschwindet das elektrische Feld, da dort keine Ladungen eingeschlossen sind: $\underline{\underline{E = 0}}$ für $r < r_0$

Ist der Radius r_0 der Metallkugel verschwindend klein, so handelt es sich um eine Punktladung. Das elektrische Feld einer geladenen Hohlkugel verhält sich im Außenraum der Kugel somit wie das elektrische Feld einer Punktladung mit der Ladung $Q_1 = Q$ bei $r = 0$.

Befindet sich im Abstand r von der Punktladung Q_1 eine weitere Punktladung Q_2, so gilt nach Gl. (5.35):

$$E = \frac{F}{Q_2} \text{ und damit } \frac{F}{Q_2} = \frac{Q_1}{4\pi \varepsilon_0 \varepsilon_r r^2} \Rightarrow F = \frac{Q_1 \cdot Q_2}{4\pi \varepsilon_0 \varepsilon_r r^2}$$

Dies ist aber das Coulomb'sche Gesetz, entsprechend Gl. (4.18).

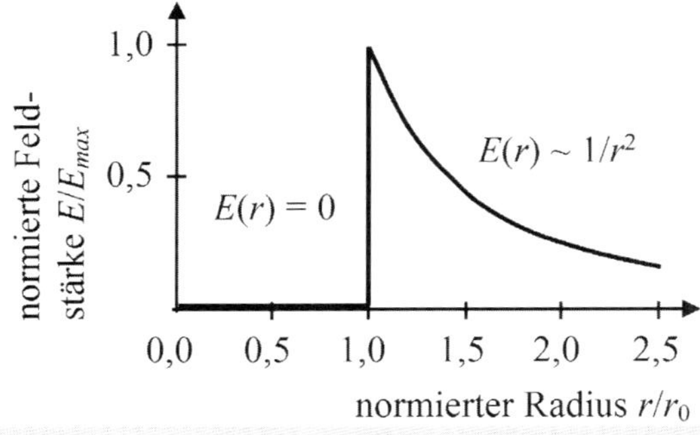

Abb. 61: Verlauf der elektrischen Feldstärke bei einer geladenen metallischen Hohlkugel

Beispiel 104

Das Innere einer nicht leitenden Kugel mit dem Radius r_0 ist mit der Gesamtladung $+Q$ homogen geladen, die Ladung ist also in der Kugel gleichmäßig verteilt. Zu berechnen ist die elektrische Feldstärke E innerhalb und außerhalb der Kugel.

Lösung:

Im Außenraum der Kugel kann E wie in Beispiel 103 berechnet werden. Es ist

$$\underline{\underline{E = \frac{Q}{4\pi\,\varepsilon_0\,\varepsilon_r\,r^2}}} \quad \text{für } r > r_0$$

Das Außenfeld der homogen geladenen Kugel ist wie bei der geladenen Hohlkugel gleich dem einer Punktladung im Mittelpunkt der Kugel.

Im Inneren der Kugel ist die Raumladungsdichte nach Gl. (4.15):

$$\rho = \frac{Q}{V} = \frac{Q}{\frac{4}{3}\pi \cdot r_0^3}$$

Von einer zur homogen geladenen Kugel konzentrischen Kugelschale mit $r < r_0$ ist die umschlossene Ladung:

$$Q' = \rho \cdot V(r) = \rho \cdot \frac{4}{3}\pi \cdot r^3$$

Somit ist:

$$Q(r) = \frac{Q}{\frac{4}{3}\pi \cdot r_0^3}\frac{4}{3}\pi \cdot r^3 = \frac{Q \cdot r^3}{r_0^3}$$

Außerdem ist nach Gl. (5.48):

$$Q(r) = \varepsilon \oiint_A \vec{E} \bullet d\vec{A} = \varepsilon \cdot E \cdot 4\pi \cdot r^2$$

Es folgt:

$$E(r) = \frac{Q(r)}{4\pi\varepsilon \cdot r^2} = \frac{\frac{Qr^3}{r_0^3}}{4\pi\varepsilon \cdot r^2} = \underline{\underline{\frac{Q \cdot r}{4\pi\varepsilon \cdot r_0^3}}}$$

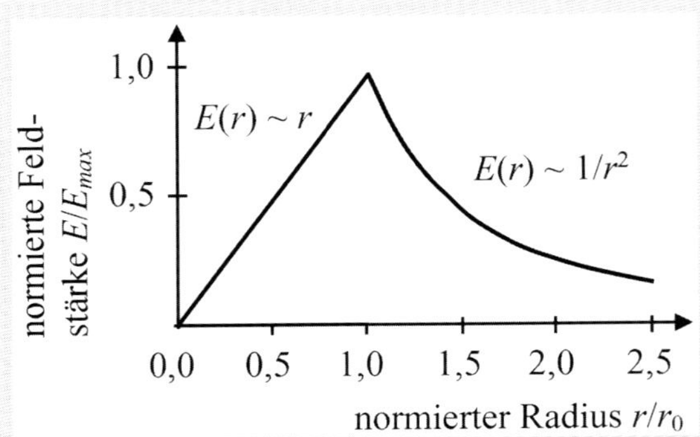

Abb. 62: Verlauf der Feldstärke einer homogen geladenen Kugel

Beispiel 105

Ein langer gerader Draht aus Metall mit dem Radius r_0 und der Länge l trägt die Ladung $+Q$. Zu berechnen sind Flussdichte D und elektrische Feldstärke E im Abstand r von der Mittellinie des drahtförmigen Leiters.

Lösung:

Die Gegenladung $-Q$ kann man sich sehr weit entfernt auf einem zur Mittellinie des Leiters koaxialen Rohr mit sehr großem Durchmesser vorstellen. Die elektrischen Feldlinien verlaufen von der Drahtoberfläche aus radial nach außen und sind gleichmäßig verteilt. Äquipotenzialflächen sind die Oberflächen koaxialer Zylinder.

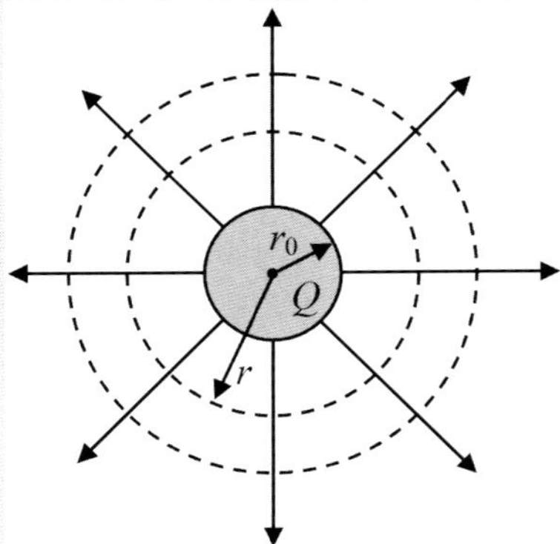

Abb. 63: Elektrisches Feld in der Umgebung eines langen geraden Leiters

Die Oberfläche einer Äquipotenzialfläche mit dem Radius r ist

$$A = 2\pi \cdot r \cdot l.$$

Im Abstand r ist die Flussdichte des vom Leiter ausgehenden Flusses:

$$D = \frac{\Psi}{A} = \frac{\Psi}{2\pi \cdot r \cdot l} = \underline{\underline{\frac{Q}{2\pi \cdot r \cdot l}}}$$

Somit ist die elektrische Feldstärke im Abstand r von der Mittellinie des Leiters nach Gl. (5.47):

$$E = \frac{D}{\varepsilon} = \underline{\underline{\frac{Q}{2\pi \cdot \varepsilon \cdot r \cdot l}}}$$

5.6 Elektrische Spannung, Potenzial

Im elektrischen Feld $\vec{E}$ wird nach Gl. (2.38) bzw. Gl. (5.1) auf Ladungsträger eine Kraft ausgeübt. Positive Ladungsträger führen eine Bewegung in Feldrichtung, negative entgegen der Feldrichtung aus. $\vec{E}$ ist ein Vektorfeld mit einer Richtung im dreidimensionalen Raum, somit kann das Feld in einzelne Komponenten zerlegt werden. Im kartesischen Koordinatensystem ist die Komponentendarstellung von $\vec{E}$:

$$\boxed{\vec{E} = E_x \cdot \vec{e}_x + E_y \cdot \vec{e}_y + E_z \cdot \vec{e}_z} \tag{5.52}$$

Bei Berechnungen müssten also immer alle drei Komponenten von $\vec{E}$ berücksichtigt bzw. ermittelt werden. Um dies für die meisten Berechnungen in der Elektrotechnik und Elektronik zu vermeiden, wurde ein übergeordnetes *Skalarpotenzial*, das *elektrische Potenzial* φ eingeführt. Die Potenzialfunktion $\varphi(x,y,z)$ ist eine Funktion des Ortes, als skalare Funktion besitzt sie keine Richtung und zerfällt somit auch nicht in einzelne Komponenten. Jedem Raumpunkt ist nur eine Zahl zugeordnet. Bei Bedarf lässt sich aus dem Skalarfeld $\varphi(x,y,z)$ das Vektorfeld der elektrischen Feldstärke $\vec{E}$ ermitteln:

$$\boxed{\vec{E} = -\mathrm{grad}\left[\varphi(x,y,z)\right] = -\frac{\partial\varphi(x,y,z)}{\partial x}\vec{e}_x - \frac{\partial\varphi(x,y,z)}{\partial y}\vec{e}_y - \frac{\partial\varphi(x,y,z)}{\partial z}\vec{e}_z} \tag{5.53}$$

kurz

$$\boxed{\vec{E} = -\nabla\varphi} \tag{5.54}$$

Der Gradient ist ein Vektor, der in die Richtung des stärksten Anstiegs von $\vec{E}$ zeigt. Das negative Vorzeichen in Gl. (5.54) bedeutet nur, dass die Feldlinien von $\vec{E}$ in Richtung der schnellsten Potenzialabnahme zeigen, da der positiveren Gesamtladung ein höheres Potenzial zugewiesen wird.

Zur weiteren Erläuterung des Potenzials wird die Arbeit im elektrischen Feld betrachtet.

Zwischen zwei ruhenden, räumlich getrennten Ladungen $+Q_1$ und $-Q_1$ bildet sich ein elektrostatisches Kraftfeld aus. Zwischen den beiden Ladungen und auch auf Ladungsträger in ihrer Umgebung wirken Kräfte. Die Kraftrichtung an einem bestimmten Ort ist durch die Feldlinien gegeben.

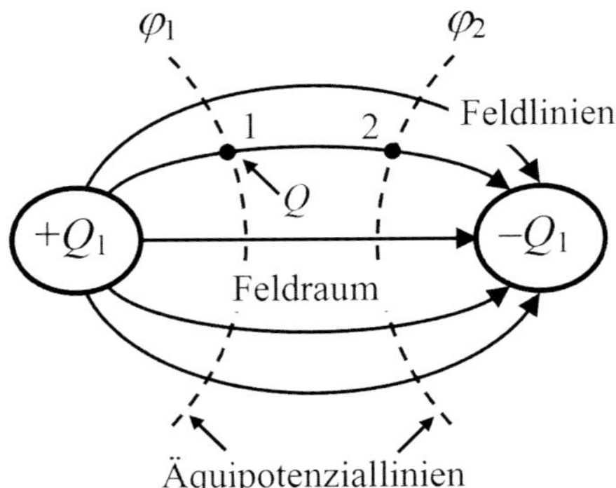

Abb. 64: Ladungsverschiebung im elektrischen Feld

Die Kraft auf die Ladung Q in Richtung von $\vec{E}$ ist $\vec{F} = Q \cdot \vec{E}$. Wird die Ladung Q (und damit eine Masse) im elektrischen Feld vom Punkt P_1 zum Punkt P_2 bewegt, so muss Kraft aufgewendet und damit mechanische Arbeit W_{12} verrichtet werden (entsprechend „Arbeit = Kraft mal Weg"). Im inhomogenen Feld ist diese Arbeit:

$$W_{12} = \int_{P_1}^{P_2} \vec{F} \bullet d\vec{s} \qquad (5.55)$$

Zeigen $\vec{F}$ und $d\vec{s}$ in gleiche Richtung, so wird Energie freigesetzt, andernfalls muss Energie aufgewendet werden.

Wird eine Ladung Q unter Aufwendung von Energie von einem Punkt P_0 um eine Wegstrecke zu einem Punkt P_1 im elektrischen Feld verschoben, dann hat sie die an ihr verrichtete Arbeit in Form von potenzieller Energie gespeichert (ähnlich wie ein angehobener Körper im Gravitationsfeld potenzielle Energie besitzt). Die potenzielle Energie der Ladung ist dann:

$$W_1 = \varphi_1 \cdot Q \qquad (5.56)$$

War das Potenzial φ der Ladung (ihre *Arbeitsfähigkeit*) vor der Verschiebung null, so hat die Ladung nach der Verschiebung im Punkt P_1 in Bezug auf ihren vorherigen Ort am Punkt P_0 das elektrische Potenzial:

$$\varphi(P_1) = \varphi_1 = \frac{W_1}{Q} \tag{5.57}$$

Wird die Ladung Q weiter unter Aufwendung von Energie um eine Wegstrecke zu einem Punkt P_2 verschoben, so ist jetzt ihre potenzielle Energie gegenüber dem Punkt P_0:

$$W_2 = \varphi_2 \cdot Q \tag{5.58}$$

Das elektrische Potenzial der Ladung im Punkt P_2 gegenüber dem Punkt P_0 ist nun:

$$\varphi(P_2) = \varphi_2 = \frac{W_2}{Q} \tag{5.59}$$

Die Differenz der beiden potenziellen Energien ist:

$$\Delta W = W_2 - W_1 = (\varphi_2 - \varphi_1) \cdot Q \tag{5.60}$$

Die Energiedifferenz ΔW kann auf die zu verschiebende Ladung bezogen werden. Die Definitionsgleichung Gl. (5.61) der elektrischen Spannung wird dadurch unabhängig von der elektrischen Ladung. Das Verhältnis $\Delta W / Q$ wird als **elektrische Spannung U** bezeichnet.

$$U = \varphi_2 - \varphi_1 \tag{5.61}$$

Jedem Raumpunkt in der Umgebung einer elektrischen Ladung kann ein elektrisches Potenzial φ zugeordnet werden. **Die elektrische Spannung U zwischen zwei Punkten im elektrischen Feld ist gleich der Differenz der elektrischen Potenziale dieser Punkte.**

Somit kann ein Vektorfeld (das elektrische Feld $\vec{E}$) durch ein Skalarfeld $\varphi(x, y, z)$ charakterisiert werden. Jedem Raumpunkt von φ ist durch eine Zahl ein elektrisches Potenzial zugeordnet, welches die Arbeitsfähigkeit einer Ladung beschreibt, wenn sie sich an diesem Ort befindet.

Das elektrische Potenzial ist physikalisch gesehen ein Maß für die potenzielle Energie (= Arbeitsfähigkeit), die eine Ladung im elektrischen Feld besitzt. Die elektrische Spannung als Potenzialdifferenz ist ein Maß für die Arbeit, die eine Ladung im Feld verrichten kann.

Das elektrische Potenzial φ definiert die örtliche Verteilung des Niveaus der potenziellen Energie im elektrischen Feld. Anschaulich darstellen lässt sich das Potenzial durch Äquipotenzialflächen. Diese stehen immer senkrecht auf den Feldlinien. Eine Ladung kann entlang einer Äquipotenzialfläche bewegt werden, ohne dass Arbeit aufgewendet werden muss (die Kraft steht senkrecht zum Feld).

Das Potenzial φ entspricht Energie pro Ladung. Die Einheit der elektrischen Spannung und des elektrischen Potenzials ist somit:

$$[U] = [\varphi] = 1\ \mathrm{V}\ (\mathrm{Volt}) \tag{5.62}$$

Umrechnung: $\mathrm{V} = \frac{\mathrm{J}}{\mathrm{C}} = \frac{\mathrm{N} \cdot \mathrm{m}}{\mathrm{A} \cdot \mathrm{s}} = \frac{\mathrm{kg} \cdot \mathrm{m}^2}{\mathrm{A} \cdot \mathrm{s}^3}$

Die Spannung U_{12} eines Punktes P_1 gegenüber einem Punkt P_2 wird positiv gerechnet, wenn das Potenzial im Punkt P_1 größer ist als im Punkt P_2. Der Index gibt den Bezugspunkt an.

$$U_{12} = \varphi(P_1) - \varphi(P_2) = \varphi_1 - \varphi_2 = -U_{21} \tag{5.63}$$

Elektrische Spannung wird immer durch eine Ladungstrennung und Ladungsverschiebung erzeugt. Elektrische Energie bedeutet die potenzielle Energie von getrennten ungleichnamigen Ladungen. Die Ladungstrennung erfolgt durch Einwirkung anderer Energieformen wie z. B. mechanischer, chemischer, Wärme-, oder Lichtenergie. Andere Energien werden in elektrische Energie umgewandelt, indem sie die Ladungstrennung bewirken und aufrechterhalten.

Zu einem Potenzial gehört immer ein **Bezugspunkt** oder **Bezugsniveau** (**Nullniveau**) mit dem Potenzial $\varphi = 0\ \mathrm{V}$. Bei physikalischen Betrachtungen wird der Bezugspunkt mit dem Potenzial null häufig als im „Unendlichen" liegend angenommen: $\varphi(\infty) = 0$. Anschaulich bedeutet dies, dass die Anziehungskraft einer positiven Ladung und einer unendlich weit entfernten negativen Ladung null ist. Die unendlich weit entfernte Ladung hat die potenzielle Energie (bzw. das Potenzial) null.

Wird einem (frei wählbaren) Raumpunkt als Bezugspunkt das Bezugspotenzial $\varphi = 0\ \mathrm{V}$ zugeordnet, so kann allen anderen Raumpunkten ein absolutes Potenzial zugeordnet werden. Zwischen diesen Raumpunkten und dem Bezugspunkt herrschen dann unterschiedliche Spannungen (Differenzen der Potenziale). In der Elektronik wird als Bezugs- oder **Massepotenzial** meistens das elektrische Potenzial der Erdoberfläche verwendet und als null definiert. In elektronischen Schaltungen wird der Bezugspunkt als **Masse** bezeichnet und mit dem Schaltzeichen »⊥« versehen.

Mit $\vec{F} = Q \cdot \vec{E}$ kann Gl. (5.55) anders dargestellt werden:

$$W_{12} = \int_{P_1}^{P_2} \vec{F} \bullet d\vec{s} = Q \int_{P_1}^{P_2} \vec{E} \bullet d\vec{s} \tag{5.64}$$

Da das elektrostatische Feld ein *konservatives* Feld ist (siehe Abschnitte 2.5.3 und 2.5.5.1), ist die Arbeit W_{12} unabhängig von der Form des Weges zwischen Punkt P_1 und Punkt P_2, sie hängt nur von der Lage der beiden Punkte im elektrischen Feld ab.

Ist der Weg geschlossen (von P_1 über P_2 zurück zu P_1), so gilt:

$$\oint \vec{E} \bullet d\vec{s} = 0 \tag{5.65}$$

Aus Gl. (5.64) folgt die Spannung zwischen zwei Punkten im elektrischen Feld:

$$U_{12} = \frac{W}{Q} = \int_{P_1}^{P_2} \vec{E} \bullet d\vec{s} = \varphi(P_1) - \varphi(P_2) \tag{5.66}$$

Die elektrische Spannung zwischen zwei Raumpunkten ist gleich dem Wegintegral über die elektrische Feldstärke zwischen den Raumpunkten. Dabei ist es gleichgültig, über welchen Weg integriert wird.

In einem homogenen elektrischen Feld ist die Feldstärke in allen Punkten gleich groß und die Feldlinien sind parallel. Jede zu den Feldlinien senkrechte Ebene ist dann eine Äquipotenzialfläche. Es gilt:

$$U = E \cdot s \tag{5.67}$$

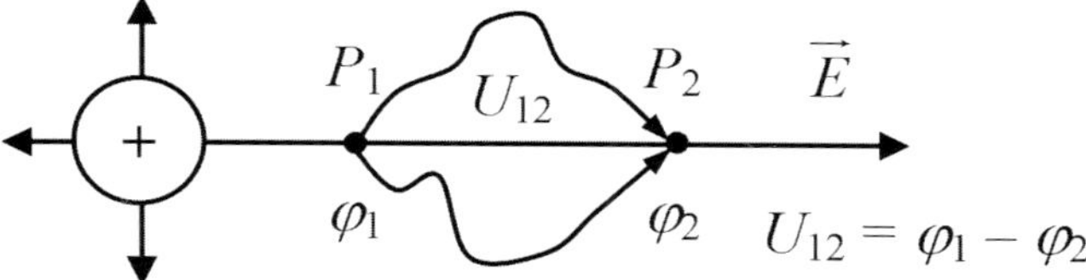

Abb. 65: Spannung U und Potenzial φ im elektrostatischen Feld

Das Potenzial $\varphi(P)$ eines Punktes P bezüglich des Nullniveaus P_0 ist definiert als:

$$\varphi(P) = \int_{P}^{P_0} \vec{E} \bullet d\vec{s} \tag{5.68}$$

5.7 Poisson-Gleichung

Die Poisson-Gleichung verknüpft das Potenzial φ bzw. die elektrische Feldstärke E mit der Raumladung ρ. Das Potenzial einer vorgegebenen Ladungsverteilung kann mit Hilfe der Poisson-Gleichung berechnet werden.

Mit Gl. (5.51) $\operatorname{div}\left(\vec{E}\right) = \frac{\rho}{\varepsilon}$ und Gl. (5.54) $\vec{E} = -\operatorname{grad}(\varphi)$ erhalten wir

$$\boxed{\operatorname{div}\left[\operatorname{grad}(\varphi)\right] = -\frac{\rho}{\varepsilon}} \tag{5.69}$$

Dies ist die Poisson'sche Differenzialgleichung oder kurz **Poisson-Gleichung**.

Der auftretende Differenzialoperator „$\operatorname{div}(\operatorname{grad})$“ ist der **Laplace-Operator**, für den das Symbol „Δ“ verwendet wird.

Die Poisson-Gleichung lautet also:

$$\boxed{\Delta\varphi = -\frac{\rho}{\varepsilon}} \tag{5.70}$$

In kartesischen Koordinaten gilt für den Laplace-Operator:

$$\boxed{\Delta\varphi = \frac{\partial^2\varphi}{\partial x^2} + \frac{\partial^2\varphi}{\partial y^2} + \frac{\partial^2\varphi}{\partial z^2}} \tag{5.71}$$

Im raumladungsfreien Gebiet ist $\rho = 0$ und die Poisson-Gleichung reduziert sich auf:

$$\boxed{\Delta\varphi = 0} \tag{5.72}$$

Dies ist die Laplace'sche Differenzialgleichung oder kurz **Laplace-Gleichung**.

Laplace- und Poisson-Gleichung werden als Potenzialgleichungen bezeichnet. Zur Berechnung des Potenzials einer statischen Ladungsverteilung ist die Lösung einer Potenzialgleichung (meist eine lineare, inhomogene, partielle Differenzialgleichung zweiter Ordnung) unter Beachtung der zugehörigen Randbedingungen erforderlich.

5.8 Zusammenfassung

1. Ladungen können nicht erzeugt oder vernichtet werden.
2. Die Kontinuitätsgleichung besagt, dass sich die Ladungsdichte in einem Volumen nur ändern kann, wenn durch die Oberfläche des Volumens ein Strom zu- oder abfließt.
3. Die ladungstrennende Wirkung des elektrostatischen Feldes wird durch den Flussdichtevektor $\vec{D}$ beschrieben.
4. Die elektrische Flussdichte D ist der elektrischen Feldstärke E meist proportional.
5. Der Satz von Gauß besagt: Der von der Ladung Q ausgehende Fluss ist stets gleich der innerhalb der umschließenden Hülle vorhandenen Ladung.
6. Die elektrische Spannung U zwischen zwei Punkten im elektrischen Feld ist gleich der Differenz der elektrischen Potenziale dieser Punkte.
7. Auf einer Äquipotenzialfläche kann eine Ladung ohne Arbeit verschoben werden.
8. In der Elektronik wird der Bezugspunkt für Spannungen als Masse bezeichnet.
9. Mit Hilfe der Poisson-Gleichung kann das Potenzial einer vorgegebenen Ladungsverteilung berechnet werden.

Beispiel 106

Eine Ladung Q befindet sich im Ursprung des kartesischen Koordinatensystems bei $x = y = z = 0$. Der Bezugspunkt mit $\varphi = 0$ liegt im Unendlichen. Gesucht ist das Potenzial $\varphi(a,0,0)$.

Lösung:

Wie in Beispiel 103 gezeigt, ist das elektrische Feld der Ladung Q im Abstand $r = x$:

$$E_x(x) = \frac{Q}{4\pi \cdot \varepsilon \cdot x^2}$$

$$\varphi(a,0,0) = U_{a\infty} = \int_a^\infty E_x(x)dx = \frac{Q}{4\pi \cdot \varepsilon} \cdot \int_a^\infty \frac{1}{x^2} dx = \frac{Q}{4\pi \cdot \varepsilon} \cdot \left[-\frac{1}{x}\right]_a^\infty = \underline{\underline{\frac{Q}{4\pi \cdot \varepsilon \cdot a}}}$$

Beispiel 107

Ein homogenes elektrisches Feld hat die Feldstärke $E = 20\ \frac{\text{V}}{\text{m}}$.

Wie groß ist die Spannung zwischen zwei $50\ \text{cm}$ voneinander entfernten Punkten auf einer Feldlinie?

Lösung:

$$U_{12} = 20 \frac{\text{V}}{\text{m}} \cdot 0{,}5\ \text{m} = \underline{\underline{10\ \text{V}}}$$

Beispiel 108

Gegeben ist das Potenzial $\varphi(x,y,z) = 10\ \frac{\text{V}}{\text{cm}} \cdot x + 20\ \frac{\text{V}}{\text{cm}} \cdot y + 30\ \frac{\text{V}}{\text{cm}}$.

Zu bestimmen ist die Feldstärke $\vec{E}$.

Lösung:

$$\vec{E} = \begin{pmatrix} E_x \\ E_y \\ E_z \end{pmatrix} = -\nabla\varphi; \ \vec{E} = -\begin{pmatrix} \frac{\partial\varphi}{\partial x} \\ \frac{\partial\varphi}{\partial y} \\ \frac{\partial\varphi}{\partial z} \end{pmatrix}; \ \underline{\underline{\vec{E} = -\begin{pmatrix} 10 \\ 20 \\ 30 \end{pmatrix} \frac{\text{V}}{\text{cm}}}}$$

Beispiel 109

Eine metallische Hohlkugel besitzt auf ihrer Hülle das elektrische Potenzial $\varphi_0 = 3\ \text{V}$. Innerhalb der Kugel befinden sich drei sehr kleine metallische Hohlkugeln mit den elektrischen Potenzialen $\varphi_1 = 10\ \text{V}$, $\varphi_2 = -6\ \text{V}$, $\varphi_3 = 3\ \text{V}$. Zu bestimmen sind die elektrischen Spannungen U_{nm} zwischen den kleinen Kugeln und von diesen jeweils zur Oberfläche der großen Hohlkugel.

Lösung:

$$\underline{\underline{U_{12} = 16\ \text{V}}};\ \underline{\underline{U_{13} = 7\ \text{V}}};\ \underline{\underline{U_{23} = -9\ \text{V}}};\ \underline{\underline{U_{10} = 7\ \text{V}}};\ \underline{\underline{U_{20} = -9\ \text{V}}};\ \underline{\underline{U_{30} = 0\ \text{V}}}$$

Beispiel 110

Gegeben ist das Potenzial $\varphi(x,y,z) = 10\ \frac{\mathrm{V}}{\mathrm{cm}^2} \cdot x \cdot y + 20\ \frac{\mathrm{V}}{\mathrm{cm}^3} \cdot y \cdot z^2$.

Zu bestimmen ist die Feldstärke $\vec{E}$.

Lösung:

$$\vec{E} = \begin{pmatrix} E_x \\ E_y \\ E_z \end{pmatrix} = -\nabla\varphi = -\begin{pmatrix} \frac{\partial\varphi}{\partial x} \\ \frac{\partial\varphi}{\partial y} \\ \frac{\partial\varphi}{\partial z} \end{pmatrix};\ \underline{\underline{\vec{E} = -\begin{pmatrix} 10\ \frac{\mathrm{V}}{\mathrm{cm}^2} \cdot y \\ 10\ \frac{\mathrm{V}}{\mathrm{cm}^2} \cdot x + 20\ \frac{\mathrm{V}}{\mathrm{cm}^3} \cdot z^2 \\ 40\ \frac{\mathrm{V}}{\mathrm{cm}^3} \cdot y \cdot z \end{pmatrix}}}$$

Beispiel 111

Eine metallische Hohlkugel mit dem Durchmesser $d = 10\ \mathrm{cm}$ ist auf $100\ \mathrm{kV}$ aufgeladen. Der Bezugspunkt mit $\varphi = 0\ \mathrm{V}$ liegt im Unendlichen. Wie groß ist die Ladung auf der Kugel? Wie groß ist die Spannung zwischen zwei Punkten mit den Abständen $20\ \mathrm{cm}$ und $22\ \mathrm{cm}$ vom Kugelmittelpunkt? Welchen Wert hat das elektrische Feld auf der Kugeloberfläche?

Lösung:

In Beispiel 103 wurde für die elektrische Feldstärke im Abstand r vom Kugelmittelpunkt berechnet:

$$E(r) = \frac{Q}{4\pi\,\varepsilon_0\,\varepsilon_r\,r^2} \quad \text{für } r \geq r_0$$

$$\varphi(r_0) = \int_{r_0}^{\infty} E(r)\,dr = \frac{Q}{4\pi\,\varepsilon_0\,\varepsilon_r} \cdot \int_{r_0}^{\infty} \frac{1}{r^2}\,dr = \frac{Q}{4\pi\,\varepsilon_0\,\varepsilon_r} \cdot \left[-\frac{1}{r}\right]_{r_0}^{\infty} = \frac{Q}{4\pi\,\varepsilon_0\,\varepsilon_r} \cdot \frac{1}{r_0}$$

Laut Angabe: $r_0 = 0{,}05\ \mathrm{m}$ und $\varphi(r_0) = 100\ \mathrm{kV}$. Somit folgt mit $\varepsilon_r \approx 1$ für Luft:

$$Q = \varphi(r_0) \cdot 4\pi \cdot \varepsilon_0 \cdot r_0;\ Q = 10^5\ \mathrm{V} \cdot 4\pi \cdot 8{,}854 \cdot 10^{-12}\ \frac{\mathrm{A \cdot s}}{\mathrm{V \cdot m}} \cdot 0{,}05\ \mathrm{m};$$

$$\underline{\underline{Q = 5{,}56 \cdot 10^{-7}\ \mathrm{C}}}$$

$$\varphi(r) = \frac{5{,}56 \cdot 10^{-7}\ \mathrm{C}}{4\pi\,\varepsilon_0\,\varepsilon_r} \cdot \frac{1}{r}$$

Potenzial bei $20\ \mathrm{cm}$: $\varphi_1 = \varphi(r = 0{,}2\ \mathrm{m}) = 2{,}5 \cdot 10^4\ \mathrm{V} = 25\ \mathrm{kV}$

Potenzial bei $22\ \mathrm{cm}$: $\varphi_2 = \varphi(r = 0{,}22\ \mathrm{m}) = 2{,}27 \cdot 10^4\ \mathrm{V} = 22{,}7\ \mathrm{kV}$

Spannung zwischen den beiden Punkten: $U = \varphi_1 - \varphi_2 = \underline{\underline{2300\ \mathrm{V}}}$

$$E(r = 0{,}05\ \mathrm{m}) = \frac{5{,}56 \cdot 10^{-7}\ \mathrm{C}}{4\pi\,\varepsilon_0\,\varepsilon_r} \cdot \frac{1}{(0{,}05\ \mathrm{m})^2} = \underline{\underline{2 \cdot 10^6\ \frac{\mathrm{V}}{\mathrm{m}}}}$$

6 Literaturverzeichnis

Abeßer, H.: Skript Mathematik I – IV, Ilmenau, 2002

Ahlers, H.: Skript Grundlagen der Elektrotechnik III, FH Wilhelmshaven, 2004

Bartelmann, M.: Theoretische Physik III: Elektrodynamik, Uni Heidelberg

Bartsch, H.-J.: Taschenbuch mathematischer Formeln, Fachbuchverlag Leipzig, 1997

Becher, T.: Physik mit Mathematischen Methoden I, Skript: Albert Einstein Center für fundamentale Physik, Institut für theoretische Physik, Universität Bern, Herbstsemester 2010

Bernstein, S.: Skript Höhere Mathematik für Ingenieure 2, SS 2011

Blatter, C.: Skript Ingenieur Analysis, Kapitel 1–3, ETHZ, 2002

Brandes, T.: Skript Elektrodynamik, TU Berlin, WS 2010/11

Brinkmann, R. P.: Skript zur Vorlesung Elektrische und Magnetische Felder, Ruhr-Universität Bochum, 2003

Bronstein, I., Semendjajew, K.: Taschenbuch der Mathematik, Verlag Harri Deutsch, 1973

Bourne, D.E., Kendall, C.: Vektoranalysis, Teubner-Verlag Stuttgart, 1973

Buchholz, J.: Vorlesungsmanuskript Regelungstechnik und Flugregler, HS Bremen, 2002

Clemen, C.: Skript Elektromagnetische Wellen, FH Augsburg, WS 97/98

Dellago, C.: Skriptum zur Vorlesung „Einführung in die Physikalischen Rechenmethoden I + II“, Universität Wien

Dössel, O.: Vorlesungsskript Lineare Elektrische Netze, Uni Karlsruhe, 2008

Dragon, N.: Skript Stichworte und Ergänzungen zu Rechenmethoden der Physik, 2011

Erné, M.: Mathe, Inge und Maple, Mathematik für Ingenieure II unter Verwendung des Computersystems Maple, Universität Hannover, SS 2005

Filtz, M.: Skript Theoretische Elektrotechnik I, TU Berlin, WS 2007/2008

Filtz, M.: Einführung in die Feldtheorie, FH Leipzig, SS 2010

Filtz, M.: Theoretische Elektrotechnik I, http://www-tet.ee.tu-berlin.de/, WS 2007/2008

Fliege, N.J.: Elektrische Bauelemente und Netzwerke, Mannheim, 2003

Gayler, J., Vassilevskaya, L.: Vektoranalysis, Aufgaben mit Lösungen

Gfrerrer, A.: Kurven und Flächen – eine Einführung, Institut für Geometrie, TU Graz

Gnörich, B.: Formelsammlung Höhere Mathematik, 2001

Grabowski, B.: Mehrfachintegrale, Zur Vorlesung „Angewandte Mathematik Master M“, HTW des Saarlandes, FB GIS

Grützmann, J.: Formelsammlung Mathematik für Ingenieure, FH Jena, 1993

Herrmann, F.: Skript Physik II, Elektrodynamik, Uni Karlsruhe, 1997

Hertel, P.: Skript Theoretische Physik, Einführung in die Elektrodynamik, Uni Osnabrück

Höllig, K.: Mathematik-Online-Kurs, Vektoranalysis, http://www.mathematik-online.org/, Februar 2004

Iske, A.: Analysis III für Studierende der Ingenieurwissenschaften, Uni Hamburg-Harburg, WS 2007/2008

Kliem, H.: Skript Grundlagen der Elektrotechnik I

Kurz, F.: Mathematik I/2 für Elektrotechniker, Mitschrift Prof. Dr. Sasvári, SS 2004

Kurz, S.: Mathematische Methoden der Theoretischen Elektrotechnik, Universität der Bundeswehr Hamburg, 2004

Kurz, S.: Skript Theoretische Elektrotechnik, Teil I: Grundlagen, Elektrostatik, Universität der Bundeswehr Hamburg, 2004

Langguth, W.: Höhere Mathematik 1, Vektoranalysis, Skript zur Vorlesung Höhere Mathematik 1, HTW Saarland, SS 2011

Leuchtmann, P., Vahldieck, R.: Felder und Komponenten I, Skript ETH Zürich, 2001

Marti, O.: Skript Elektrizitätslehre und Magnetismus, Uni Ulm, 2009

Papula, L.: Mathematik für Ingenieure und Naturwissenschaftler. Band 1, 2, 3. Vieweg-Verlag, 2001

Petry, S.: Vektoranalysis Teil III, Teil IV, Teil V, 2011

Petry, S.: Einführung in die Theoretische Physik, Elektrostatik I, 2011

Pregla, R.: Grundlagen der Elektrotechnik, Hüthig-Verlag Heidelberg, 1998

Ryder, P.: Skript Grundkurs Physik, Elektrodynamik, Uni Bremen, 2002

Schadschneider, A.: Skript Physik II, Uni Köln, 2005

Schlup, M.: Frequenzverhalten linearer Netzwerke, 2008

Schmidt, G.: Skript Elektrodynamik, Theoretische Physik II, Heidelberg, 2007

Siart, U.: Das Dezibel – Definition und Anwendung, 2010

Soff, G.: Skript Elektrodynamik, Institut f ür Theoretische Physik, Technische Universität Dresden, 1995

Steffen, A.: Skript Pegel in Kommunikationssystemen, Zürcher Hochschule Winterthur, WS/SS 2003/2004

Steiner-Curtis, M.: Skript Analysis I – IV (an), Fachhochschule Nordwestschweiz, Hochschule für Technik, 2011

Steudler, K.: Skript Elektrotechnik Grundlagen, Kapitel 81 Elektrisches Feld, Hochschule für Technik und Architektur Bern, 2003

Steudler, K.: Elektrotechnik Grundlagen Kapitel 1, Einführung und Grundlagen zur Elektrotechnik, Berner Fachhochschule BFH, Hochschule für Technik und Informatik HTI, 2004

Stingl, P.: Mathematik für Fachhochschulen, Carl Hanser Verlag, 1996

Sturm, F.: Skript Mathematik für Ingenieure -II-, Universität der Bundeswehr München, 2007

Trölß, J.: Angewandte Mathematik mit Mathcad, Lehr- und Arbeitsbuch, Band 1 bis 4, Springer-Verlag/Wien, 2006

Twer, T. von der: Skriptum Mathematik C 10/11 für Elektrotechnik/ Informationstechnologie/ Naturwissenschaftler

van Rienen, U.: Skript Theoretische Elektrotechnik, Uni Rostock, 2002

Wandinger, J.: Höhere Mathematik, Skript FH Landshut, SS 2011

Walser, H.: Mathematik 2 für Naturwissenschaften, Skript Uni Basel, 2010

Weißgerber, W.: Elektrotechnik für Ingenieure 3, Vieweg, 2007

Wünsche, H.J.: Skript Theoretische Physik II, Teil A: Elektrodynamik, Uni Berlin, 2010

7 Stichwortverzeichnis

A

Ä

B

C

D

E

F

J

K

L

M

N

O

P

Q

R

S

W

Z